# 동물 쇼의 웃음 쇼 동물의 눈물

이 책은 환경과 나무 보호를 위해 재생지를 사용했습니다.
환경과 나무가 보호되어야 동물도 살 수 있습니다.

On Parade
Copyright © 2010 by Rob Laidlaw
All rights reserved.
Korean translation copyright © 2011 by Bookfactory Dubulu Co. Ltd
Korean translation rights are arranged with Fitzhenry & Whiteside Limited.

이 책의 한국어판 저작권은 Pubhub 에이전시를 통한 저작권자와의 독점 계약으로
도서출판 책공장더불어에 있습니다.
저작권법에 의해 한국 내에서 보호를 받는 저작물이므로 무단 전재와 무단 복제를 금합니다.

동물 쇼의
## 웃음
쇼 동물의
## 눈물

책공장더불어

## 추 / 천 / 사

이 책은 동물을 이용하는 오락 산업의 화려한 겉모습 뒤에 감춰진 실체를 보여 주는 탁월한 책이다. 오락 산업에 이용되는 동물이 본래의 삶과는 비교할 수 없을 정도로, 얼마나 참혹하고 절망적인 슬픔 속에서 살아가는지 보여 준다. 책에서는 동물 쇼의 문제점을 분명하고 간결하게 제시한다. 책에 등장하는 동물의 사례는 가슴 미어지게 아프며 인간임을 부끄럽게 만든다. 자신의 재능이 아닌 동물을 이용해 돈을 버는 사람들이 주요 관람객으로 가장 눈독 들이는 아이들이 반드시 읽어야 할 책이다.

얀 크리머(국제동물옹호회(ADI, Animal Defenders International) 대표)

많은 아이들이 창살 뒤에 있는 동물의 삶이 어떤지 모르고 서커스나 오락 시설에 있는 동물을 보러 가자고 부모를 조른다. 하지만 아이들이 쇼 동물의 삶을 알게 된다면 동물에게 고통을 주는 그런 곳에 가자고 절대로 고집을 피우지는 않을 것이다. 이 책이 바로 그 역할을 해 줄 것이다. 이 책은 내가 쇼 동물에 관련하여 읽은 책 가운데 최고의 책이다. 저자가 아이들을 존중하는 마음으로 책을 만들었다는 것을 느낄 수 있다. 정보가 너무 많지도 적지도 않아서 아이들이 옳고 그름을 스스로 결정하기에 딱 알맞다.

레슬리 비스굴드(동물권리법 교수)

쇼 동물에 대한 실상을 세상에 드러내는 일을 하는 동물권리를위한 활동가연합(United Activists for Animal Rights)의 낸시 버넷과 여러 해 동안 일했기 때문에 나는 쇼 동물에 대한 잔혹 행위가 세계 곳곳에 퍼져 있다는 사실을 알고 있었다. 그런데도 이 책은 사람의 잠깐의 즐거움을 위해 동물이 얼마나 고통을 겪는지에 대해 너무나 생생하게 전해줘 가슴이 미어진다. 많은 사람이 이 책을 읽고 사람들의 손아귀에서 고통당하는 불쌍한 생명을 비극 속에서 구할 수 있기를 바란다.

밥 바커(방송인, 동물보호 활동가)

사람들에게 즐거움을 주기 위해 동물들은 온갖 방식으로 이용당한다. 그런 동물 중 많은 수가 그 과정에서 심각하게 학대받는다. 로브 레이들로의 이 책은 동물보호와 인도적 처우에 관심이 있는 사람, 또 이러한 주제에 대해 더 많이 배우기를 원하는 사람이 반드시 읽어야 할 책이다. 아이들은 좀 더 평화적이고 온정적인 미래를 위한 특사들이다. 이 책은 아이들은 물론 어른들이 동물을 존중하고 그들이 당연히 누려야 할 권리를 찾는 데 도움을 줄 수 있도록 핵심적인 정보를 제공한다.

마크 베코프(콜로라도 대학교 생태학 및 진화생물학 석좌교수, 《동물의 감정》, 《동물권리선언》, *Animals Matter, Animal at play* 저자)

놀랍고 야무지고 교육적이면서도 재미있다. 이 책은 모든 독자가 동물을 새롭게 이해할 수 있도록 돕고, 동물을 존중하는 것이 우리의 의무라는 것을 깨우쳐 준다.

잉그리드 뉴커크(동물을윤리적으로대하는사람들(PETA) 대표)

변화된 미래를 위해 교육이 필요하다. 그래서 여러 형태의 오락 산업에 동물이 이용되는 현실에 대해 아이들에게 알려 주어야 한다. 동물원과 서커스에 머물지 않고 저자는 경마, 영화, 광고 속의 동물 사용의 잔인함에 대해서도 파헤친다. 다음 세대에 동물을 감금하여 잔인하게 다루는 현재의 오락 산업의 관행이 사라진다면 이 책이 큰 역할을 한 것이다.

크레이그 레드먼드(갇힌동물보호협회(CAPS) 캠페인 책임자)

동물 쇼 산업의 잔인하고 이윤 추구적인 모습을 잘 드러낸 책이다. 동물 쇼나 동물원, 수족관에 가려는 사람들이 반드시 읽어야 할 책이다.

조너선 밸컴(*Second Nature : The inner lives of animals* 저자)

저자는 이 책을 통해 오락 산업과 광고 산업에서 동물에게 어떻게 고통을 주는지 눈에 보이지 않는 수많은 방법에 대해 세밀한 그림을 그려낸다. 전시장이나 광고 사진, 텔레비전에서 멀쩡해 보이는 동물이 왜 본질적으로는 비자연적이고 비참한 삶을 살아가는지를 간결하고 차분한 어조로 설명한다. 이런 책을 보고 자란 아이들은 미래에 동물들에게 인도적인 처우를 해 줄 것이라 희망한다. 그들은 동물복지에 대해 우리 세대와는 전혀 다른 감수성을 갖고 자라날 것이다.

카밀라 칼라만드레이(〈The tiger next door〉 다큐멘터리 영화제작자)


많은 사람이 가족과 함께 즐기는 여가 활동으로 여기는 동물 쇼의 어두운 진실을 드러내는 놀라운 책이다. 아이는 물론 자녀를 서커스, 동물 전시회, 동물 쇼 등 동물이 등장하는 행사에 데리고 다니는 부모가 반드시 읽어야 할 책이다.

실리아 스미스(세계동물보호협회(WSPA, World Society for the Protection of Animals) 캐나다 대표)


이 책은 아주 중요한 이야기를 다루고 있다. 사람을 즐겁게 하기 위해서 동물 쇼에 동원되는 쇼 동물이 치르는 의도적으로 감추어진 고통 비용에 대해 다루고 있기 때문이다.

앤 루손(유인원학 박사, Orangutans : Wizards of the rainforest 저자)

## 저 / 자 / 서 / 문

서커스 동물을 처음으로 가까이에서 본 날을 결코 잊지 못한다. 내가 동물보호단체의 조사관으로 일하던 1990년대 초였다. 세계적으로 유명한 모스크바 서커스단의 곰이 머물고 있던 천막에 들어갔을 때 나는 깜짝 놀랐다. 내 앞에는 곰 열두 마리가 자기 몸집만 한 작은 나무 상자에 갇힌 채 줄지어 있었다. 곰들은 머리를 좌우로 아주 빠르게 흔들거나 내 존재를 알아차리지 못한 채 정면을 뚫어져라 노려보고 있었다. 곰은 공연 때를 제외하고는 항상 우리 속에 갇혀서 지낸다고 서커스단 직원은 말했다.

얼마 전인 2009년에는 고향에 갔다가 서커스단을 마주쳤다. 그곳에 있던 코끼리 세 마리는 사슬로 바닥에 묶인 채 몸을 앞뒤로 흔들고 있었다. 코끼리들은 겨우 차 한 대를 주차할 수 있을 만한 공간 안에 갇혀 있었다.

나는 지난 30년 동안 동물들이 세계 곳곳의 오락 산업에서 어떻게 이용되고 있는지를 보았다. 동물들은 서커스와 이동 공연, 텔레비전과 영화, 수중 공연과 마술 공연 등에 다양하게 이용되었다. 사람과 몸싸움을 하는 악어, 구걸하는 거리의 코끼리, 사원의 코끼리, 바구니 속에 담겨 있는 뱀, 경주와 싸움에 이용되는 동물, 심지어 경품으로도 제공되었다.

오락 산업 속 동물의 세계는 복잡하고, 관련된 동물 수도 엄청나다. 압도당할 정도로 문제가 많지만 그렇다고 감당하지 못해서 포기해야 할 지경은 아니다. 세계 여러 곳에서 좋은 소식이 들려오고 있기 때문이다.

내가 이 책을 쓰고 있는 동안 볼리비아는 동물을 서커스에 사용하지 못하도록 금지했다. 미국의 많은 광고 기획사는 더 이상 침팬지와 오랑우탄을 광고에 사용하지 않겠다고 선언했다. 또한 미국에서는 2개의 그레이하운드 경견 대회가 2009년 12월의 경기를 마지막으로 더 이상 개최되지 않는다는 이메일이 도착했다.

수백 개의 단체와 많은 사람이 동물 쇼 등 오락 산업에 이용되는 동물을 위해서 목소리를 내고 있다. 내가 대표로 있는 야생동물 보호단체인 주체크 캐나다도 오락 산업에 이용되는 동물의 고통을 줄이고 착취를 막는 일을 하고 있다.

모든 동물은 존중받고 친절하게 대우받아야 한다. 이 세상이 동물에게도 좋은 곳이 되도록 노력하는 사람에게 이 책이 영감을 줄 수 있기를 바란다.

차 / 례

**추천사 4 / 저자 서문 8**

## 1장 • 동물에게 필요한 것
적합한 생활 공간 14 / 선택의 자유 15 / 무리 생활 15 / 할 일 16

## 2장 • 공연하는 동물
세계에서 가장 큰 코끼리, 점보 20 / 길 위의 삶 23 / 사슬에 묶이다 26 /
밧줄에 묶이고 우리에 갇히다 28 / 맹수 수레 29 /
공연 후에도 휴식은 없다 30 / 서커스단에서의 동물 번식 32 /
배움이 항상 즐거운 것은 아니다 32

## 3장 • 스타가 된 동물 연기자
영화와 드라마 속 동물 스타 38 / 자연 다큐멘터리 속 야만적인 세계 42 /
징그럽고 희귀하고 귀엽지 않은 동물 44

## 4장 ● 세계 곳곳의 동물 쇼
동물원의 동물 쇼 55 / 로데오 57 / 사진 촬영 동물 59 / 뱀 쇼, 악어 쇼 60 /
마술 공연 62 / 수족관, 해양 공원, 돌고래와 함께 수영하기 62

## 5장 ● 돈을 벌어라
죽을 때까지 달려라 66 / 피의 스포츠, 동물 싸움 73 /
귀엽고 재미있지만, 너무나 위험한 77 / 쇼 동물의 은퇴 80

## 6장 ● 변화의 길
동물을 이용하지 않는 서커스 86 / 컴퓨터가 만들어 낸 동물 연기자 86 /
쇼 동물을 위한 동물보호구역과 구조 센터 88

## 7장 ● 춤추는 곰이 없는 세상
사진 촬영용 침팬지 96 / 호랑이와 평화롭게 노는 사원? 98 /
인도의 마지막 춤추는 곰, 라주 101 / 가재부터 코끼리까지 102 /
동물 학대가 없는 세상은 쉽게 오지 않는다 105

고통받는 쇼 동물을 돕는 10가지 방법 106
동물 쇼와 관련된 흔한 질문과 답변 108
세계 동물보호단체 113

**역자 후기** "콰아", "콰아", "콰아" 114
**편집 후기** 한국 쇼 동물의 현실은? 116

1장

# 동물에게 필요한 것

## 🐻 적합한 생활 공간

모든 동물은 음식과 물, 쉴 곳이 필요하지만 제대로 된 동물복지라면 이 외에도 갖추어야 할 필수 요소가 더 있다.

동물에게는 자연스럽게 걷거나 뛰거나 기어오르거나 날거나 헤엄치면서 돌아다닐 수 있는 공간이 필요하다. 코요테, 늑대, 곰은 며칠 만에 수백 킬로미터를 여행할 수 있다. 코끼리와 범고래는 매해 수천 킬로미터를 여행한다. 곤충, 파충류, 소형 포유류와 같은 작은 동물조차 아주 넓은 생활 공간이 필요하다.

동물은 저마다 필요로 하는 생활 공간이 다르고 사람이 생각하는 것보다 훨씬 넓은 공간을 필요로 한다.

어떤 동물이든 가능한 한 넓은 공간이 주어지는 것이 중요하다.

## 🐻 선택의 자유

동물도 순간순간 많은 선택을 한다. 동물이라고 해서 단지 본능에 따라 사는 것만은 아니다. '바위의 오른쪽으로 갈까? 왼쪽으로 갈까?'와 같은 사소한 선택에서부터 '가뭄 동안에 어디에 가서 물을 찾을까?'와 같은 중대한 결정을 내리기도 한다. 동물은 자신이 원하는 것이 무엇인지 생각한 후 행동을 결정한다. 모든 동물에게는 자신의 삶에 대한 통제권과 결정을 내릴 수 있는 선택의 자유가 필요하다.

## 🐻 무리 생활

야생에서 사는 많은 동물은 사회적 무리에 속해 있다. 짝을 지어 살거나 가족을 형성하거나 크고 작은 여러 무리에 속해 살아간다. 무리에 속해 있으면 위험을 알아차릴 수 있는 눈과 귀가 더 많아서 생존에 유리하기 때문이다. 포식자가 가까이 있을 때 여러 마리의 엄마 코끼리가 새끼 코끼리 곁을 함께 지키는 것처럼 무리 생활은 안전한 삶을 위해 필요하다. 또한 무리 생활을 통해 먹이를 찾거나 사냥을 할 때 협동을 하기도 한다. 침팬지 무리가 원숭이를 사냥하기 위해 협동한다는 사실은 잘 알려져 있다. 돌고래, 고래는 협동 작전으로 물고기 떼를 가둔 후에 순번에 따라 돌아가며 먹이를 먹는다.

　무리 속에서 살아가는 것은 동물들에게 편안함과 안정감을 준다. 뿐만 아니라 자원과 지식을 나누고, 다른 구성원을 통해 서로 배운다. 이렇듯 무리 생활을 통해 동물의 삶은 더욱 즐거워진다.

Rob Laidlaw

## 🐻 할 일

대부분의 동물은 활동적이다. 먹이를 찾아다니고, 사냥을 하고, 짝을 찾고, 문제를 해결하고, 둥지와 굴을 짓고, 집을 보호하고, 의사소통을 하고, 친구를 사귀고, 놀이를 하면서 하루하루를 보낸다. 동물의 활동은 너무도 다양해 다 열거하려면 끝이 없다.

북극곰은 바다표범을 찾아 먼 길을 걸어 다닌다. 야생 악어는 헤엄치고 잠수하고 탐험하고 사냥한다. 코끼리는 먹이를 찾아 하루에 20시간 정도 활동적으로 움직인다. 야생 코끼리의 삶은 갇혀서 지겨운 삶을 이어 나가는 코끼리와는 전혀 다르다.

할 일은 육체는 물론 정신적으로도 동물을 건강하고 활동적으로 만든다. 동물이 활동적인 것을 좋아한다는 것은 여러 연구를 통해 증명되었다.

### 갇힌 동물의 이상행동

동물이 자연스럽게 살 수 없을 때에는 지겨움과 공포, 절망, 스트레스를 느낀다. 그리고 그런 상황은 동물에게 비정상적인 행동을 하게 만든다.

갇힌 코끼리는 머리를 위아래로 흔들거나 몸을 앞뒤로 흔든다. 호랑이는 종종걸음으로 우리를 왔다갔다하며 같은 행동을 반복한다. 곰은 머리를 좌우로 흔든다. 기린은 입에 닿는 것이면 무엇이든 끝없이 핥는다.

이러한 이상행동은 동물들의 생활 환경에 문제가 있음을 보여 준다. 물론 가만히 앉아 있거나 누워 있거나 온종일 잠만 자는 것도 무언가 잘못되었다는 신호이다.

Animal Defenders International

2장

# 공연하는 동물

코끼리 점보의 안타까운 삶과 죽음을 기리는 동상. 무게가 무려 38톤이나 나가는 거대한 회색 동상으로, 1985년에 캐나다 온타리오 세인트토머스 시로 들어서는 고속도로에 세워졌다.

### 🐘 세계에서 가장 큰 코끼리, 점보

점보는 1861년 아프리카의 외딴 사막 지역에서 태어났다. 점보는 엄마나 가족을 떠나 멀리 돌아다녀 본 적이 한 번도 없는 아기 코끼리였다. 기둥같이 생긴 튼튼한 다리와 충격을 완화시켜 주는 푹신한 발바닥이 있는 코끼리는 덕분에 에너지를 효율적으로 사용하면서 먼 길을 걸을 수 있고, 수천만~수억 평에 이르는 넓은 공간을 돌아다니며 산다.

야생에서 살았더라면 점보는 평생 동안 수십에서 수백 마리의 코끼리와 알고 지냈을 것이다. 코끼리는 몸의 움직임, 화학적인 변화, 땅속의 진동, 수 킬로미터 떨어진 곳에서도 코끼리만 들을 수 있는 낮은 주파수의 웅웅거리는 소리 등 다양한 방법을 통해 다른 코끼리와 의사소통을 한다. 그러나 겨우 한 살이 되었을 무렵, 점보 가족은 유럽 전시장과 동물원에 동물을 공급하는 공급책인 코끼리 사냥꾼 무리에게 공격당했다.

사냥꾼들은 아기 코끼리 두 마리를 생포해서 공급하는 조건으로 이미 돈을 받은 상태였다. 아기 코끼리를 포획하는 방법은 단 한 가지밖에 없다. 무리 전체를 말살하는 것이다. 사냥꾼들은 코끼리 무리를 무차별적으로 공격했다. 어린 점보가 빨리 달릴 수 없어서 무리에서 뒤쳐지자 점보의 엄마는 사냥꾼들을 쫓아내려고 애썼다. 하지만 사냥꾼들은 점보가 보는 앞에서 어미 코끼리를 칼로 찔러 죽였다. 점보는 공포로 얼어붙어 움직일 생각도 못한 채 그 자리에 우두커니 서 있었다.

아기 코끼리 두 마리를 생포한 사냥꾼들은 돈을 낸 사람에게 코끼리들을 가져다 주기 위해 이동하기 시작했다. 우선 사막을 가로질러야 했다. 사냥꾼들은 어미와 무리를 잃어 슬픔에 빠진 코끼리들을 걸어서 사막을 건너가게 했다. 슬픔에 빠진 채 엄마 젖도 먹지 못하고 먼 거리를 걷던 코끼리들은 병에 걸렸다. 다행히 점보는 살아남았지만 다른 한 마리는 도중에 죽고 말았다. 점보는 그 후 기차를 타고 알렉산드리아로, 배를 타고 독일로 옮겨진 후 그랜드 매니저리라는 이동 공연단에 팔렸다. 그곳에서 공연을 하던 점보는 파리에 있는 동물원에 팔려 비좁은 콘크리트 우리에서 살다가 1865년에 런던 동물원에 팔렸다.

점보는 동물원에 갇혀 지내는 코끼리 가운데 가장 큰 코끼리가 되었다. 런던 동물원에서 점보는 아이들을 등에 태우고 걷는 일을 했는데 나이를 먹으면서 공격적이 되자 동물원은 점보를 팔아 버렸다. 점보를 산 사람은 미국의 바넘 앤드 베일리 서커스단의 주인인 P. T. 바넘이었다. 1882년 4월에 점보는 미국 뉴욕 시에 도착했다. 점보가 서커스단에서 하는 일이라고는 관중 앞에서 걷는 것밖에 없었는데도 공연이 거듭될수록 사람들은 점보에게 열광했다.

1885년 9월 15일, 캐나다 온타리오의 세인트토머스 시에서 서커스 공연을 마친 점보는 늦은 밤에 기차 선로를 따라 대기 장소로 돌아가고 있었다. 그런데 그때 예정에 없던 화물 기차가 점보를 향해 달려 왔다. 점보는 비탈진 경사면으로 내려가고 싶지 않은 듯 그곳에 멈추어 서서 움직이지 않았다. 결국 기차는 점보의 뒷다리를 쳤고 점보는 옆으로 고꾸라져 선로 밑으로 떨어졌다. 그리고 잠시 후 숨을 거두었다.

그런데 서커스단의 주인인 바넘은 죽은 점보를 영웅으로 만들기 위해 사실을 조작하기 시작했다. 점보가 기차에 치였을 때 점보 옆에는 다른 코끼리인 톰 섬이 있었는데, 바넘은 점보가 톰 섬을 구하려다가 자신이 대신 기차에 치여 죽었다고 말하고 다녔다. 물론 거짓이었다. 바넘은 점보의 이야기를 부풀리고 과장해서 점보를 영웅으로 만들어서 돈을 벌 목적이었다.

심지어 바넘은 죽은 점보의 뼈와 피부로 박제를 한 다음 서커스에 활용했다. 박제로 만든 점보를 수레에 실어 장송곡이

울려 퍼지는 공연장을 돌게 하면서 다른 코끼리들이 검은 천을 걸치고 그뒤를 따라 행진하도록 했다. 서커스단의 주인 바넘은 점보가 죽은 후에도 돈벌이를 위해 점보를 착취했다.

### 🐘 길 위의 삶

1997년 8월, 미국 뉴멕시코 주의 경찰관들은 앞뒤로 흔들리고 있는 고속도로 위에 주차된 킹로열 서커스단의 트레일러 한 대를 발견했다. 더러운 트레일러에는 더위를 먹은 어린 아프리카 코끼리가 바닥에 쓰러져 죽어 있었다. 환기가 안 되는 트레일러 안에는 코끼리 두 마리와 라마 여덟 마리가 실려 있었는데 실내 온도는 섭씨 49도였다.

코끼리 등 많은 동물은 생활 속에서 육체적, 정신적 자극을 받아야 한다. 그러나 공연을 하는 동물은 경련이 일 정도로 좁은 공간에 갇힌 채 자극 없는 삶을 산다.

트럭이나 기차로 수송되는 동물은 대부분 자신의 몸체 만한 공간에 가둬진다. 동물이 움직이지 못하게 일부러 작은 공간에 가두는 것이다. 안타깝게도 공연을 하는 많은 동물은 이런 이동 차량에서 삶의 많은 시간을 보낸다.

2000년 동물보호단체 휴메인소사이어티는 캐나다 동부에

서 트레일러 한 대에 코끼리 세 마리와 많은 수의 조랑말이 꽉 들어차 있는 것을 발견했다. 심지어 코끼리와 조랑말을 분리하는 철망에는 코끼리 두 마리의 머리가 짓눌려 있었다. 앞을 향해 서 있는 코끼리는 트레일러의 앞면 벽에 머리를 박고 있었고, 거의 12시간 동안 꼼짝도 하지 못한 상황이었다.

더 심한 경우도 있다. 캐나다 온타리오 서커스단의 불곰 세 마리는 처참한 생활을 했다. 나이가 들어 힘이 세져서 다루기 힘들어졌다는 이유로 곰들은 무려 10개월 동안 트럭 뒷부분에 갇혀 있었다. 곰은 10개월 동안 단 한 번도 트럭 밖으로 나오지 못했다.

동물보호단체들은 이런 식으로 동물들을 이동하는 서커스단과 법적으로 싸움을 벌이고 있다. 동물보호단체에 의해 소송이 제기된 링글링 브라더스 서커스단의 경우, 한 공연 장소에서 다른 공연 장소로 이동하는 동안 코끼리들을 평균 20시간씩 기차에 가둔다. 사슬에 묶인 채 60~70시간 동안 한 번도 밖으로 나오지 못하고 화물차에 감금되기도 하고, 심할 때는 90~100시간 동안 갇혀 있기도 한다. 이는 사람이 폐쇄된 좁은 공간에 목요일 밤부터 월요일 밤까지 쇠사슬로 묶여 있는 것과 똑같은 것이다.

**세계적으로 점점 더 많은 도시와 마을에서는 야생동물 공연을 금지하고 있다.**

### 🐘 사슬에 묶이다

서커스단과 이동 공연단은 언제나 코끼리를 사슬로 묶어 둔다. 차량 한두 대 정도 주차할 만한 공간에 코끼리의 앞발과 뒷발 하나씩을 사슬로 채워 꼼짝 못하게 한다. 서커스단에 소속된 코끼리의 상황을 조사한 논문이 2009년 과학 저널 《동물복지(Animal Welfare)》에 실렸다. 논문에 따르면 서커스단 코끼리들은 하루 평균 12~23시간 동안 사슬에 묶여 있다고 한다. 심지어 조사한 서커스단 중 네 곳에서는 차 한 대 주차하기에도 부족한 2~3.6평의 공간에 코끼리가 묶여 있었다. 이런 곳에서 코끼리들은 사슬의 길이만큼인 1~2미터만 움직일 수 있다.

야생에서 코끼리들은 한 장소에 머물지 않는다. 코끼리들은 먼 거리를 걸어 이동하며 하루 중 20시간을 활동하면서 보낸다. 그런데 서커스단의 코끼리는 대부분의 시간을 1~2미터의 사슬에 묶여서 지낸다.

Vancouver Humane society

영국의 동물보호단체인 애니멀디펜더스(Animal Defenders)는 하루 중 98퍼센트를 사슬에 묶인 채 생활하는 코끼리의 삶을 밝혀내 사람들에게 충격을 주었다. 또 다른 연구는 인도에 있는 서커스단에서 생활하는 코끼리들이 하루에 20시간 이상 사슬에 묶여 있다는 사실을 밝혀냈다.

몇몇 서커스단은 공연장 한 구석에 울타리를 쳐서 우리를 설치하는데 대부분 주차장, 운동장, 근처 풀밭의 작은 귀퉁이로 우리라고 할 수도 없다. 이런 상황에서 코끼리들은 가만히 서 있거나 여기저기 몇 발짝 지척거릴 뿐 어떤 행동도 할 수 없다.

공연장 뒤편에 묶여 있던 이 코끼리는 근처에 있는 나무를 향해 코를 뻗어 보지만 뒷다리가 사슬에 묶여 있어서 닿지 않는다. 공연을 하는 코끼리들은 지루하고 절망적이며 엄격하게 통제되는 지극히 비자연적인 삶을 살아간다.

## 🐘 밧줄에 묶이고 우리에 갇히다

서커스단에는 유제류(포유류 중에서 발끝에 발굽이 있는 동물)라고 불리는 포유류가 많다. 가장 흔한 동물은 말이고, 낙타, 얼룩말, 기린, 코뿔소 등이 있다.

서커스단 유제류는 대부분 자신의 몸길이만 한 좁은 공간과 바닥이 딱딱한 우리에 갇혀서 지낸다. 1미터 정도의 짧은 줄에 묶여 울타리, 트레일러, 장비 부품에 매여 있는 유제류를 어렵지 않게 볼 수 있다.

서커스단 유제류는 임시로 만든 좁은 우리나 짧은 줄에 묶인 채 생애 대부분을 보낸다.

2006년에 애니멀디펜더스는 사흘 동안 그레이트 브리티시 서커스단을 은밀하게 조사했다. 말 두 마리, 조랑말 두 마리, 순록 네 마리, 라마 네 마리, 낙타 다섯 마리는 잠시 무대에 오르는 공연 때를 제외하고는 묶여서 지내거나 갇혀서 지냈다. 애니멀디펜서스는 유제류가 대부분의 시간을 걷지도 못하고 운동도 하지 못하고 있음을 폭로했다.

서커스단 유제류는 자연적인 움직임과 행동이 심각하게 제한되거나 제거당한 상태에서 지루하고 절망스럽고 스트레스받는 삶을 살아간다. 이런 삶이 계속되면 동물에게 비정상적인 행동이 나타나는데 실제로 공연을 하는 유제류는 과도하게 핥거나 창살을 물어뜯거나 혀를 비정상적으로 움직이는 행동을 한다.

## 🐘 맹수 수레

사자, 호랑이 등의 대형 고양잇과 동물과 곰, 유인원 등은 대부분 맹수 수레라고 불리는 바퀴가 달린 좁은 우리에 갇혀 지낸다. 폭 1.2~1.5미터, 길이 2~3미터 길이에 불과한 작은 수레 안에서 몸집이 큰 동물들이 먹고 자고 대소변도 해결한다.

브리티시 서커스단은 아예 트럭 뒤쪽에 쇠로 만든 좁고 긴 우리를 떨어지지 않게 영구적으로 붙여 놓기도 한다. 동물보호단체인 애니멀디펜더스는 대형 고양잇과 동물들이 하루 중 75~99퍼센트를 좁은 맹수 수레에 갇혀서 지낸다고 폭로했다.

내가 모스크바 서커스단을 조사하러 다녀온 후, 모스크바

수레 안에서 사는 사자나 호랑이 등 대형 고양잇과 동물과 곰은 사람이 옷장 속에만 갇혀서 사는 것과 같다. 아마 흉악범도 이보다는 나은 대우를 받을 것이다. 흉악범 중 많은 수는 언젠가 밖으로 나오지 않는가?

서커스단은 폭 3미터, 길이 3미터 길이의 운동용 우리를 마련했다고 전해 왔다. 앞으로 서커스단의 곰들은 일주일에 서너 시간씩 맹수 수레를 벗어나 운동용 우리에서 보낼 수 있을 것이라고 했다. 하지만 우리가 조금 커졌다고 해도 동물이 할 수 있는 활동은 전혀 없다. 여전히 멍청히 앉아 있을 수밖에 없으니 무엇이 나아졌다고 얘기할 수 있을까?

### 🐘 공연 후에도 휴식은 없다

공연이 없을 때면 공연 동물들은 시간을 어떻게 보낼까? 동물 공연단 운영자들은 동물들이 넓고 자연적인 환경에 위치한 겨울 숙소에서 쉬면서 긴장을 푼다고 말하지만 현실은 다르다.

1996년에 영국 치퍼필드 서커스단의 겨울 숙소에 대한 조사 보고서가 발표되었다. 보고서는 동물들이 공연을 하지 않는 동안에도 쓰레기더미 같은 곳에서 지낸다는 사실을 밝혔다. 수의사 사만다 스콧은 코끼리와 기린의 숙소 상태가 동물의 생태

공연이 끝난 후에도 1~2미터의 짧은 사슬에 묶여 있는 곰들

에 대한 지식은 물론 관심 또한 심각하게 부족함을 드러냈다고 말했다.

여러 서커스단에 코끼리를 공급하는 호손주식회사는 미국 농무부에 의해 동물복지법을 위반한 혐의로 기소되었다. 동물을 열악한 환경에 가둔 것에 대해 20만 달러의 벌금을 부과받았고, 소유한 열여섯 마리의 코끼리를 모두 포기해야 했다.

특히 호손주식회사처럼 각 공연단에 동물을 공급하는 회사에 속한 동물은 수요가 많다. 그래서 공연이 끝났다고 쉬면서 긴장을 풀 틈이 없다. 공연을 마치면 곧바로 또 다른 공연장으로 이동해야 한다.

이동 중일 때뿐만 아니라 공연을 마치고 쉴 때에도 동물들은 좁은 숙소에 갇혀서 지낸다.

### 🐘 서커스단에서의 동물 번식

서커스단은 종종 포획된 코끼리들을 서커스단 내에서 번식시킨다. 이것에 대해 코끼리 보존에 좋은 일이라고 주장하는 사람들이 있지만 코끼리 번식은 서커스단에게 돈을 버는 좋은 수단일 뿐 종 보존과는 아무런 관계도 없다. 서커스단에서 태어난 코끼리 중 어떤 코끼리도 야생으로 돌아갈 수 없기 때문이다.

Zoocheck/www.zoocheck.com

야생에서 번식되어 태어난 새끼 코끼리를 보호하는 것만이 진정한 코끼리 종 보존이다. 인간이 진정으로 코끼리 종 보존을 원한다면 비정상적인 환경에서의 번식에 찬성할 것이 아니라 더 이상 코끼리의 서식지를 훼손하지 않아야 하고, 코끼리를 불법으로 사냥하지 말아야 한다.

### 🐘 배움이 항상 즐거운 것은 아니다

"저 비명 소리가 바로 동물들이 네게 주의를 집중하고 있다는 증거야."

1999년 카슨 앤드 반즈 서커스단의 코끼리 훈련 모습을 몰래 촬영한 영상 속에 녹음된 말이다. 영상 속에서 동물 책임 조련사는 불훅(bullhook)이라고 불리는 쇠갈고리와 전기 충격기를 이용하여 코끼리를 세게 찌르고 때리면서 훈련시킨다. 또한 책임 조련사는 조련사들에게 사람들 앞에서는 코끼리를 때리거나 벌을 줘서는 안 된다고 주의를 준다. 그런 식으로 동물을 대했다가는 사람들의 반발을 사기 때문이다. 그들이 원하는 것은 그들이 동물들에게 하는 행동을 사람들이 눈치채지 못하는 것이다.

2009년 동물을윤리적으로대하는사람들(PETA)이라는 동물보호단체 웹사이트에도 비슷한 영상이 공개되었다. PETA의 비밀 조사원이 촬영한 것으로, 링글링 서커스단의 조련사들은 영상 속에서 쇠갈고리로 코끼리의 머리, 얼굴, 몸통을 반복적으로 찌르고, 채찍으로 호랑이들을 후려쳤다. PETA는 그해 7월에 필라델피아 시 검찰청과 함께 링글링 서커스단을 동물 학대 혐의로 기소했다.

한때 할리우드에서 활동했던 동물 조련사 팻 더비는 공연동물복지협회(PAWS, Performing Animal Welfare Society)를 공동으로

### 불훅

불훅(bullhook)은 나무, 금속, 유리섬유로 만든 작대기로, 한쪽 끝에 뾰족한 쇠갈고리가 달려 있다. 불훅의 갈고리는 코끼리의 귀 뒤, 얼굴, 다리 뒤 등 민감한 부분에 사용된다.

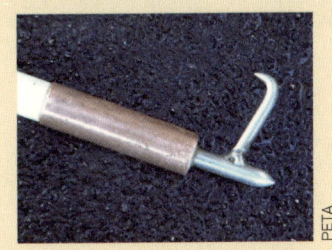

불훅이 두려운 나머지 코끼리들은 조련사의 말을 잘 듣게 된다. 불훅은 길을 바꿀 때 정도만 조심스럽게 사용되어야 하는데도 불구하고 조련사들은 무기로 사용하고 있다. 코끼리 피부에 구멍을 낼 정도로 불훅을 살 깊숙이 찌르는 경우도 있다. 그리고 머리와 다리 뒤 등 민감한 부분을 때리고, 아예 피부를 찢어 버리는 경우도 상당하다. 코끼리의 피부는 대부분 얇고 민감하기 때문에 이런 식의 불훅 사용은 코끼리에게 극심한 고통을 준다.

Zoocheck

**서커스단의 조련사들은 온갖 끔찍한 방법으로 동물을 훈련시키지만 절대 관객의 눈에는 띄지 않는다.**

설립했다. 그는 조련사로 일하면서 매 맞고 전기 충격을 당하는 코끼리, 코가 부서지고 발이 불태워진 곰, 나무 몽둥이로 맞는 대형 고양잇과 동물을 많이 봐왔다고 증언했다. 그런데 그런 학대 행위가 지금도 계속되고 있다.

조련사들은 왜 동물을 그토록 가혹하게 대하는 것일까? 오락 산업에 종사하는 조련사들에게 최고의 능력은 동물이 정해진 시간 내에 정확한 행동을 연기해 내는 것이다. 동물이 조련사의 신호에 맞춰 정확하게 재주를 부리지 않으면 능력이 없는 조련사로 여겨져 일자리를 구할 수 없다. 이것이 바로 조련사들이 동물을 가혹하게 학대하는 이유이다. 또한 코끼리 같은 동물을 훈련시키려면 학대하는 것이 당연하다고 믿는 사람도 여전히 존재한다. 하지만 때리고 학대해야만 겨우 통제할 수 있는 동물이라면 과연 인간이 그들을 소유할 능력이 있는 것일까? 아니 소유할 필요가 있을까?

많은 동물 조련사들은 이제는 상황이 달라져서 때리거나 학대하면서 훈련시키는 곳이 거의 없다고 주장한다. 물론 생각이 깊고 책임감이 강한 조련사도 있다. 하지만 공연 동물을 학대한다는 증거는 점점 쌓여만 가고 있다. 공연 동물을 인도적으로 대하는 조련사는 극소수에 불과하다. 특히 야생동물 조련의 경우 학대가 비일비재하다. 그런데도 동물을 인도적인 방식으로 훈련시키고 있다고 말할 수 있을까?

### 하루도 학대하지 않는 날이 없다

2002년 사라 배클러는 할리우드의 가장 큰 동물 공급업체의 동물 조련사 훈련 과정 프로그램에 자원하여 비밀 조사를 시작했다. 사라는 공연을 하는 유인원들이 어떻게 다루어지고 있는지 집중적으로 조사했다. 사라는 그곳에서 일주일에 2~3일씩 1년 이상 일했다.

사라는 "그곳에서는 동물을 감정적으로, 심리적으로, 육체적으로 학대하는 끔찍한 일이 하루도 빠지지 않고 일어났다."고 털어놓았다. 그녀는 조련사들이 침팬지, 심지어 아기 침팬지를 주먹으로 치고, 발로 차고, 돌을 던지고, 막대기로 때리는 것을 보았다고도 했다. 사라의 조사 내용은 법적 소송으로 이어졌고, 마침내 학대받던 침팬지들은 평생 편안히 쉴 수 있는 동물보호구역으로 옮겨졌다.

# 3장 스타가 된 동물 연기자

## 🕊 영화와 드라마 속 동물 스타

1924년 영화 〈벤허〉를 촬영하는 동안에 적어도 말 100마리가 죽었다. 1931년 아프리카 모험 영화 〈트레이더 혼〉을 촬영할 때에는 사자가 다른 동물을 공격하는 장면을 찍어야 한다며 사자를 일부러 굶겼다. 극장에서 상영된 한 단편 영화는 코끼리가 죽어 가는 모습을 찍으려고 '톱시'라는 이름의 코끼리에게 전기 충격을 주었다. 초창기 영화 제작 과정에서 학대받거나 죽는 동물의 수가 점점 늘어나자 사람들은 동물 연기자를 보호하는 법 제정을 요구하기 시작했다.

1940년대와 1950년대에 텔레비전 프로그램이 인기를 얻기 시작하면서 오락 산업에 이용되는 동물의 수도 급격히 증가했다. 몇몇 동물 연기자는 유명해지기도 했는데, 1960년대 텔레비전 드라마 〈타잔〉에 등장한 침팬지 치타, 돌고래 플리퍼, 할리우드 최초의 스타견 셰퍼드종 린틴틴, 〈돌아온 래시〉의 콜리종 래시, 〈벤지〉의 주인공 벤지, 사자 엘자, 〈꼬마 돼지 베이브〉의 베이브, 말 플리카, 〈내 이름은 던스턴〉의 오랑우탄 새미, 영화 시리즈 〈재키는 MVP(Most Valuable Primate)〉의 침팬지 등은 세계적으로 유명한 동물 연기자이다. 이 외에도 유명하지는 않지만 연기를 하며 사는 많은 동물 연기자가 있다.

영화나 드라마, TV 광고에 동물을 대여해 주는 사업의 수익성은 매우 높다. 동물 공급업자와 동물원은 동물 한 마리를 하루 대여해 주는 비용으로 수백 달러나 수천 달러를 요구하기도 한다.

하지만 높은 대여료에도 불구하고 동물 연기자에 대한 대

Performing Animal Welfare Society

우는 학대에 가깝다. 많은 동물 연기자는 촬영이 없을 때는 좁은 철창이나 우리에 갇혀서 지낸다. 동물 연기자를 대여해 주는 회사에 소속된 동물은 대부분 좁고 자극을 줄 만한 것이라고는 하나도 없는 철창 속에 갇혀서 지루한 시간을 보낸다.

새끼 하마 해지나는 캐나다통신회사의 크리스마스 광고에 출연했다. 새끼 하마의 귀여운 모습 덕분에 광고는 엄청난 인기를 끌었다. 2006년 브리티시컬럼비아 주 동물학대방지협회 (SPCA, Society for Prevention of Cruelty to Animals)는 해지나를 광고에 대여한 동물원을 동물 학대 혐의로 기소하라고 정부에 요구했

영화 제작 과정에서 학대받거나 죽는 동물의 수가 점점 늘어나자 동물 연기자를 보호하라는 요구가 생기기 시작했다.

2009년 4월, 영화 〈해리 포터〉에 등장한 올빼미의 주인이 동물에 대한 17가지 잔혹 행위 혐의로 기소되었다. 올빼미 주인의 집을 수색하는 데 함께했던 수의사는 그곳이 "아주 더럽고 불결했다."고 말했다.

다. 해지나는 동물원에서 19개월 동안 햇볕이 거의 들지 않는 우리에서 혼자 지냈으며, 우리에 있는 물웅덩이가 너무 얕아 몸이 물에 뜨지 않은 채 지내다가 다리와 관절이 뒤틀렸다. 하마는 하루 종일 물속에서 생활하는 동물인데 해지나는 하마에게는 부적합한 환경에서 지내 온 것이다. 게다가 동물원은 해지나의 사육 환경을 향상시키겠다고 약속했지만 실제로는 약속을 지키려는 노력조차 하지 않았다.

하지만 2007년 해지나 사건을 담당했던 변호사는 동물원 고발을 철회했다. 동물원이 하마를 위한 새로운 우리를 지었기 때문이다. 동물학대방지협회는 기소를 계속 진행하려고 했으나 고발이 철회된 이상 할 수 있는 일이 없었다. 안타깝게도 해지나 사건은 그 선에서 마무리되었다.

물론 변화는 일어나고 있다. 몇몇 광고 대행사는 분명한 원칙을 세워 대형 유인원과 같은 동물 연기자를 사용하지 않겠다고 서약했다. 어떤 곳은 동물의 종과 상관없이 살아 있는 동물 사용을 전면 중지했다.

변화는 일어나고 있다. 획기적인 진보는 컴퓨터 덕분에 일어났다. 컴퓨터로 구현해 낸 동물들이 상업 광고에 상용되기 시작한 것이다. 컴퓨터로 만들어진 비버인 프랭크와 고든은 벨캐나다의 광고 모델이고, 애니메이션으로 구현된 북극곰도 코카콜라의 인기 모델이다.

오늘날은 이처럼 발달한 영상 기술력 덕분에 오락 산업에 살아 있는 동물을 사용하지 않고도 영화와 텔레비전 프로그램을 제작할 수 있다. 게다가 기술은 계속 향상되고 있고, 비용도 싸지고 있다. 이런 상황에서 꼭 학대하면서까지 동물 연기자를 출연시켜야 할까? 영화, TV, 상업 광고에 컴퓨터로 구현된 동물 연기자만 등장하는 날을 기다려 본다.

## 영화 매체에서의 동물의 안전한 사용에 대한 기준

동물을 등장시킨 영화가 끝날 즈음에 우리는 '영화 제작 과정에서 동물에게 어떤 피해도 입히지 않았다.'라는 글을 자주 본다.

그 글은 영화가 미국동물보호협회(AHA, American Humane Association)의 '영화 매체에서의 동물의 안전한 사용에 대한 기준'을 지켰다는 의미이다. 동물이 등장하는 영화를 볼 때면 그 글이 있는지 확인해 보아야 한다. 미국동물보호협회 직원들은 영화 촬영 기간 동안 현장에 나가서 기준을 잘 지키고 있는지, 다친 동물은 없는지 확인한다. 미국동물보호협회의 기준은 동물 학대를 최소화하는 역할을 하고 있다.

물론 이 기준은 부족한 부분이 있다. 다른 동물보호단체가 지적하듯이 동물이 촬영 현장에 있는 동안에만 기준이 적용된다는 것이 문제이다. 사실 학대는 대부분 영화 제작 준비 단계에서 일어나기 때문이다. 그런데 미국동물보호협회는 제작 준비 기간 동안 동물을 훈련하는 곳을 관리, 감독하지 않는다. 또한 미국동물보호협회가 정한 기준에 따라 문제를 처리하고 집행할 수 있는 힘이 없는 것도 문제라고 지적되고 있다.

## 🐦 자연 다큐멘터리 속 야만적인 세계

동물이 사냥하고 먹고 싸우는 모습이 TV 다큐멘터리에서 중요하게 다루어진 지도 백 년이 넘었다. 하지만 이런 장면 중 상당수는 연출된 것으로, 야생동물의 실제 삶을 정확하게 반영하지는 못한다. 1932년 제작된 영화 〈그들을 다시 살려내다(Bring 'Em back alive)〉에는 호랑이와 비단뱀이 싸우는 장면이 있다. 야생이라면 호랑이와 비단뱀은 서로를 피하려 하겠지만 연출된 상황이라 다른 선택이 없었다. 영화에는 나오지 않았지만 아마 호랑이와 비단뱀 중 한쪽이나 둘 다 부상을 입었을 것이다.

오늘날 몇몇 자연 다큐멘터리 제작자들은 동물을 촬영 장소로 유인해서 먹이를 두고 서로 먹으려고 달려드는 장면을 연출해서 찍기도 한다. 때로는 좀 더 자극적이거나 위험한 장면을 찍기 위해 프로그램 진행자가 동물을 직접 잡으러 쫓아다니기도 한다.

1958년에 디즈니에서 제작한 다큐멘터리 영화 〈화이트 윌더니스〉는 최고의 조작 장면을 담고 있다. 역설적이게도 이 다큐멘터리는 관객을 '교육'시키려는 의도를 갖고 있었으나 오히려 사람들이 갖고 있는 나그네쥐라고 불리는 레밍이 절벽에서 뛰어내려 집단자살을 한다는 잘못된 믿음만 강화시켰다.

레밍은 북부 지방의 혹독한 기후에서 살아가는 설치류이다.

영화 감독이 보여 주려고 한 것은 레밍은 무리가 너무 커지면 한 무리가 갈라져 나와 새로운 땅을 찾아 이동한다는 것이었다. 갈라져 나온 레밍 무리는 새로운 영토를 찾아 떠나는데, 바다를 호수로 착각하고 대양 속으로 수영해 들어가기도 한다.

이때 건너편에 도달하지 못하고 물에 빠져 죽는 레밍도 있다. 그런데 영화 제작자는 레밍의 이런 생태를 보여 주려고 북극 지역에 사는 설치류인 레밍을 잡아와서는 캐나다 앨버타 주에 있는 절벽에서 그 장면을 조작해서 찍었다.

감독은 자신이 바로잡고자 했던 잘못된 신념을 위해 장면을 극적으로 연출한 것이다. 촬영팀은 레밍 대이동을 인상적으로 찍기 위해 레밍을 다양한 각도에서 촬영했는데 레밍이 절벽 아래로 떨어지는 장면을 찍으려고 레밍 무리를 강제로 절벽 쪽으로 몰아서 떨어지게 했다. 영화 속에서 해설자는 레밍은 자살하려는 것이 아니라 절벽 아래 바다를 헤엄쳐 가기 위한 것이라고 말했지만, 결국 그 장면 때문에 수많은 레밍이 죽거나 목숨을 잃었다. 게다가 앨버타는 바다에 접하지 않는 내륙 지방이어서 영화 속에서 레밍이 뛰어내린 곳은 바다가 아니라 호수였다.

결국 레밍이 절벽 아래로 뛰어내리는 영화의 결정적인 장면은 사람들이 잘못 알고 있었던 레밍의 생태와 이동 양식에 대한 오해를 전혀 바꾸지 못하고 오히려 강화했다. 아마도 감독은 레밍이 절벽으로 떨어지는 자극적인 장면이 재미를 더해 줄 것이라고 가볍게 생각했을 것이다. 그리고 정말 흥미로운 것은 부도덕한 장면 연출에도 불구하고 이 영화가 그해 아카데미 시상식에서 '최고 다큐멘터리 부문' 상을 수상했다는 점이다.

이처럼 자연 다큐멘터리에서 몇몇 장면을 거짓으로 연출하는 것은 극심한 다른 동물 착취와 비교하면 그리 큰 문제가 아닐 수도 있다. 하지만 레밍의 경우에서 볼 수 있듯이 동물 관련 자연 다큐멘터리를 제작하다 보면 동물 학대 행위는 물론 동물에 대한 왜곡된 정보를 사람들에게 전달할 수 있다. 그러므로 자연 다큐멘터리에 대한 관심도 늦추면 안 된다.

## 징그럽고 희귀하고 귀엽지 않은 동물

### TV 리얼리티 동물 프로그램

TV 리얼리티 동물 프로그램은 징그럽고 희귀하고 절대 귀엽다고 할 수 없는 동물인 뱀, 쥐, 박쥐, 바퀴벌레, 게 등의 동물을 오락거리를 위해 착취하는 곳 중 하나이다. 최근에 가장 물의를 일으킨 프로그램은 〈피어 팩터(Fear Factor)〉이다. 이와 유사한 수많은 프로그램이 2001년부터 2006년까지 전 세계에서 방송되었다.

미국의 리얼리티 프로그램인 〈피어 팩터〉 참가자들은 5만 달러 상금을 놓고 경쟁하는데, 매 회 등장하는 도전 과제 중 하나가 바로 징그럽다고 생각하는 동물이나 상황과 관련된 것이다. 예를 들어 살아 있는 게, 거미, 쥐, 뱀으로 온몸을 뒤덮는다거나 살아 있는 동물을 산 채로 먹는 것이다. 산 채로 잡아먹힌다는 것이 동물에게는 얼마나 끔찍한 일인지 상상할 수 있는가?

또 다른 나라의 프로그램에서는 관처럼 생긴 상자 안에 누워 있는 참가자 몸 위로 수백 마리의 뱀이 쏟아지는 상황이 펼쳐지기도 했다. 겁에 질린 한 여성은 뱀을 집어서 밖으로 내던

바퀴벌레는 무리가 함께 의논하여 복잡한 의사결정을 내리는 능력을 지녔다.

졌고, 내던져진 뱀은 단단한 상자에 부딪히거나 콘크리트 바닥에 나가떨어졌다. 몇몇 참가자들은 이런 행동을 여러 차례 반복했다. 뱀은 뼈가 약하고 쉽게 멍이 드는 동물이다. 아마도 프로그램에 등장했던 뱀 중 많은 수가 부상을 입었거나 참가자가 몸을 움직일 때 깔려서 으스러졌을 것이다.

사람들이 징그럽다고 느끼는 동물도 다른 동물만큼 고통을 겪는다. 그들은 각자 지구 생태계에서 중요한 생태적 역할을 수행하는 동물이다. 그러니 그들을 오락거리로 삼아 학대하는 일은 사라져야 한다. 대신에 그들 각자가 얼마나 독특하고 중요한 존재인지 알리는 것이 TV 동물 프로그램의 역할이다.

## 희귀 동물을 이용한 쇼

매해 여름이면 내 고향 토론토에서는 공연과 전시, 놀이기구와 각종 게임으로 구성된 국제적인 전시회가 열린다. 그런데 언젠가 전시회의 한 게임장에서 살아 있는 이구아나를 상품으로 주었다. 이구아나는 반려동물로 함께 살기에는 매우 까다로운 동물이다. 그런데 그런 동물을 준비도 안 된 사람들에게 선물로 주었으니 분명 그들은 대부분 죽었을 것이다. 이처럼 많은 동물이 어리석은 게임의 죄 없는 희생자가 된다.

거꾸로 매달린 박쥐. 돈을 내고 희귀 동물과 함께 사진을 찍는 행동은 동물을 착취하는 산업을 지속하게 만들고 지지하는 것이다.

2006년에 미국의 놀이공원인 식스 플래그스 오버 조지아에서는 살아 있는 바퀴벌레를 먹은 사람을 놀이기구를 타는 대기 줄 맨 앞에 서게 하는 이벤트를 열었다. 다음해에는 살아 있는 애벌레, 바퀴벌레, 귀뚜라미를 먹는 '공포의 바퀴'라는 게임을 하나 더 개발했다. 사람들에게 한순간의 징그러운 경험을 통한 재미를 주기 위해 동물의 목숨을 희생시킨 것이다.

한편 대만의 한 동물원에서는 돼지 경주를 연다. 사람들은 돼지 쇼를 즐기지만 과연 돼지들은 달리는 것이 좋을까?

인도네시아 발리에 있는 타나랏사원 옆에 있는 시장의 과일먹이박쥐(flying fox, 얼굴이 여우와 비슷하게 생겼다)는 내가 만난 희귀 동물 중에서 가장 기억에 남는 슬픈 경우이다. 박쥐는 강제로 금속 스탠드에 묶인 채 거꾸로 매달려 있었고 시끄러운 관광객 무리가 그 옆을 분주하게 지나갔다. 박쥐는 사람들이 날지 못하게 만들어서 놓아 주어도 날아갈 수가 없다. 관광객은 박쥐에게 과일 한 조각을 먹이는 재미를 위해 돈을 지불하고 장사꾼은 돈을 번다. 재미와 돈을 위해 생명이 이렇게 무참하게 고통을 당한다.

## 파충류 이동 전시관

2009년에 한 대학교의 박람회에 연설을 하러 갔다가 몇몇 탁자 위, 양동이 속, 플라스틱 용기 속, 가방 안에 파충류가 담겨 전시되고 있는 현장을 목격했다. 파충류는 적절한 은신처나 쉴 곳도 없고 빛과 온기도 없는 곳에서 전시되고 있었다.

동물들은 스트레스로 인해 이상 증상을 보이고 있었다. 거북이들은 머리, 발, 꼬리를 모두 껍데기 속에 꽁꽁 감추고는 꼼짝도 하지 않거나 깊고 비

파충류는 운반되는 과정, 만지는 과정에서 스트레스를 받고 고통을 당한다. 그런데도 파충류 이동 전시는 여전히 매우 흔하고 인기가 많다.

파충류는 고통스러워도 소리를 지르거나 울지 않는다. 그래서 사람들은 그들의 고통을 잘 모른다.

좁은 용기 속에서 달아나려고 미친 듯이 발버둥치고 있었다. 작은 거북이들은 구경꾼들이 딱딱한 아랫배를 보려고 뒤집을 때마다 고통스러워 허우적거렸다. 큰 뱀은 사람들이 만져볼 수 있도록 사람 몸에 걸쳐진 채 박람회장을 돌아다니고 있었다.

중요한 것은 파충류를 다루는 사람이 파충류의 습성에 대해 제대로 모르고 있다는 점이었다. 파충류는 인간의 접촉을 포식자의 공격으로 여길 수도 있으며, 사람이 한 번 만진 후에는 물질대사가 정상으로 돌아올 때까지 휴식이 필요함을 모르는 것 같았다. 파충류는 다른 동물과는 달리 고통스러워도 소리를 지르거나 울부짖지 않는다. 그래서 안타깝게도 그들의 고통은 사람들의 관심을 받지 못하고 지속된다.

파충류 이동 전시 행사는 대부분 동물에 대한 몇 가지 간단한 사실을 전달하고는 '교육적'이라고 말한다. 또한 주최측은 종종 관람객에게 '징그러운' 동물을 직접 만지거나 이렇게 저렇게 다루어 보도록 유도한다. 문제는 파충류 전시에 사용된 파충류를 본 후 파충류가 생각보다 무섭지 않다고 느낀 관람객이 파충류가 좋은 반려동물이 될 수 있고 돌보기도 쉽다는 인상을 받고 자리를 뜨게 된다는 점이다. 하지만 실제로 파충류는 제대로 돌보기가 쉽지 않은 동물이다.

그래서 파충류 이동 전시 행사가 파충류에게 해를 끼치지 않는 방식으로 파충류의 생태에 대해 알리는 것이 목적이라고 할지라도 문제가 있다. 실제로 파충류는 반려동물이 되기 어려운 동물인데 이동 전시 행사는 파충류가 반려동물로 적합하다고 부추기는 홍보를 하면서 결국은 전시 진행 업체에게 돈을 안겨 줄 뿐이기 때문이다.

### 날지 못하는 새

앵무새 공연과 독수리, 매, 올빼미 등 맹금류가 등장하는 공연은 새를 이용한 오락 산업에서 흔히 볼 수 있다. 앵무새 공연은 주로 탁자나 무대 위에서 진행되는데 진행자가 설명을 하는 동안 재주를 부리는 식으로 진행된다.

**공연을 하지 않는 시간에는 대부분 스탠드나 말뚝에 묶여 지낸다.**

공연을 하는 새는 날지 못하게 날개가 잘렸기 때문에 제대로 날 수 없다. 맹금류는 대부분 몇 분 동안 주위를 날면서 미끼를 쫓다가 조련사의 팔에 돌아와 앉는다. 공연을 하지 않는 동안에는 작은 우리에 갇히거나 스탠드나 말뚝에 묶인 채 대부분의 시간을 보낸다.

미국 애리조나 주 챈들러 시에서 벌어지는 타조 경주대회는 사람들이 타조의 등이나 타조가 끄는 전차를 타는 것으로 유명하다. 새는 다른 동물처럼 몸이 단단하지 않기 때문에 사람을 태우거나 무거운 짐을 끌기 어렵고 부상도 쉽게 입는다. 특히 걸려서 넘어지면 뼈가 부러질 정도인데도 이런 식의 대회가 인기를 끌고 있다.

나는 야생에서 앵무새가 열대우림과 강기슭을 따라 날아가는 것을 봤다. 앵무새는 고도로 사회적인 동물로 서로에게서 배우고 다른 앵무새와 의사소통을 하며, 때로는 거대한 무리를 이루기도 한다. 또한 매우 똑똑해서 문제가 생겼을 때 해결할 수 있는 능력이 있다. 야생의 앵무새는 공연장에서 단순한 재주를 부리는 앵무새와는 전혀 다르다.

세계 곳곳의
4장 동물 쇼

Savitha Nagabhushan/CUPA Bangalore

세계 어느 곳을 가든 사람들에게 즐거움을 주기 위해 이용되는 동물을 만날 수 있다. 그중 몇몇 경우, 예를 들어 돌고래와 함께 수영하기 등은 그다지 나빠 보이지 않을 수 있다. 하지만 자세히 살펴보면 돌고래의 삶이 그다지 행복하지 않음을 알 수 있다. 지난 수년 동안 세계를 돌아다니며 직접 맞닥뜨린 동물을 이용하는 오락 산업을 몇 가지 소개한다.

어쩌면 독자들도 여행지나 고향에서 한번쯤 만나게 될지도 모르므로, 그럴 때 동물의 삶이 어떨지 동물의 입장에서 생각해 보길 바란다.

Savitha Nagabhushan/CUPA Bangalore

## 🐬 동물원의 동물 쇼

세계 곳곳의 동물원과 야생동물 공원에서는 늘 동물 공연이 열린다. 태국에 있는 스리 라차 타이거 동물원에서는 호랑이들이 불이 붙은 링을 통과하고, 코끼리들은 물구나무 서기 재주를 부리며 팽팽하게 당겨진 줄 위를 걷기도 한다. 북아메리카에서는 방문객이 코끼리나 낙타의 등을 타거나 원숭이와 사진을 찍을 수 있다.

중국에 있는 몇몇 동물원은 맹금류 우리에 살아 있는 동물을 먹이로 주는 쇼를 진행한다. 닭, 돼지, 심지어 소를 사자나

약 190개의 인도 사원에서는 관광객을 끌어들이거나 거리 행진, 특별 행사에 이용하는 것을 목적으로 코끼리를 키우고 있다. 이 외에도 2,500마리 이상의 코끼리가 돈벌이 수단이 되어 거리에서 살아간다. 이렇게 살아가고 있는 코끼리는 대부분 영양부족 상태로 부상을 입거나 불쌍한 몰골로 살아간다.

호랑이 우리 속에 넣어서 사자, 호랑이가 먹잇감을 잡아먹는 장면을 사람들에게 보여 준다. 동물원은 이런 전시 행사가 교육적이라고 주장하지만 이런 쇼는 사람들을 웃기거나 놀라게 할 뿐 교육적이라고 할 만한 내용은 아무것도 없다.

## 결핵에 걸린 코끼리 로타

1951년에 태어난 로타는 네 살 때 붙잡혀 가족과 떨어져 미국에 있는 동물원으로 보내졌다. 로타는 동물원에서 길게는 하루 18시간 동안 사슬에 묶인 채 지냈고, 폭력과 체벌에 시달렸다. 로타는 1990년 우두머리 코끼리 타마라의 자리를 넘보다가 서커스단에 코끼리를 공급하는 회사인 호손주식회사에 단돈 1달러에 팔렸다.

서커스단으로 이동하던 날 로타는 트레일러로 들어가는 것을 거부했다. 두려움에 떨며 꼼짝도 하지 않는 로타에게 돌아온 것은 매질이었고, 결국 맞으면서 질질 끌려갔다. 그런데 그 과정에서 로타에게 감겨 있던 사슬이 끊어지면서 나동그라져 트레일러 밑으로 미끄러져 떨어지고 말았다. 당시 그 모습을 촬영한 동영상이 전 세계로 퍼져 나갔고 국제적인 분노를 불러일으켰지만 로타의 서커스단 행을 막을 수는 없었다.

이후 로타는 13년 동안 서커스단에서 공연을 했다. 그런데 1996년에 로타는 다른 코끼리 15마리와 함께 격리되었다. 호손주식회사에서 판 코끼리 2마리가 이동 중에 결핵으로 죽었기 때문에, 다른 코끼리의 결핵균 감염 여부를 알아보기 위해서였다. 로타와 코끼리들은 다음해 한 해 동안 호손의 축사에서 격리된 채 보냈다.

2001년 6월, 미국 농무부는 로타가 심하게 말라 눈이 쑥 들어갔고, 척추와 궁둥뼈가 드러난 것을 발견했다. 그 후 로타의 건강 상태는 점점 더 나빠졌다. 10월 무렵 로타의

## 로데오

로데오는 캐나다, 미국, 남아메리카, 오스트레일리아 어디에서나 볼 수 있고, 소, 말 등 길들이지 않은 농장 동물을 이용해서 참가자들의 기술과 버티기 능력을 측정하는 경기이다. 송아지 줄로 묶기, 말을 타고 배럴 통 주위를 돌아서 달리기, 황소와 야생마에 안장 얹지 않고 타서 버티기, 말을 탄 채 수송아지 뿔을 잡고 덮쳐서 굴복시키기 등의 여러 종목이 있다. 로데오 단체들은 로데오가 전혀 잔인하지 않다고 주장하지만 많은 동물

바싹 마른 몸은 고름이 가득 찬 커다란 상처가 허벅지까지 퍼진 상태였다. 로타는 결핵에 감염되었고 고통스러워했다.

결국 로타가 속했던 서커스단은 동물복지법을 18가지 어긴 혐의로 기소를 당했고, 2004년에 유죄판결을 받았다. 미국 농무부는 로타 등 코끼리를 공급한 호손 주식회사에도 코끼리에게 물리적으로 상처를 입히고 제대로 관리하지 못한 사안 등에 대해 동물복지법 위반으로 기소장을 제출했다. 소유주인 존 쿠네오는 코끼리 16마리의 소유권을 모두 포기했다.

마침내 로타와 같은 처지였던 동료 코끼리 미스티는 테네시에 있는 코끼리 보호구역으로 옮겨졌다. 코끼리 보호구역은 330만 평 넓이로 코끼리의 생태와 맞는 자연 서식지이다. 현재 로타와 미스티는 그곳에서 고통 없이 행복하게 살고 있다.

캐나다 밴쿠버 시는 밴쿠버 휴메인소사이어티의 로데오 반대 활동 이후 로데오를 금지한 첫 번째 대도시가 되었다.

보호단체는 경기 중에 참가자들이 동물을 무자비하게 공격하고 잡아당기며 바닥에 내팽개치는 행동을 지적한다. 그중 가장 논란이 되는 종목 중 하나는 척웨건(chuckwagon)이라 불리는 마차 경주이다. 마차 경주는 여러 마리의 말과 사람이 한 팀이 되어서 마차를 끌면서 경주로를 달리는 경기로 로데오의 꽃이라 불린다. 하지만 경주 도중에 수많은 말이 죽거나 다쳐서 동물 보호단체의 항의를 받고 있다.

### 🐬 사진 촬영 동물

전 세계 관광지에서 사람들은 돈을 내고 원숭이, 새끼 사자, 새끼 호랑이 등과 함께 사진을 찍는다. 관광지뿐만 아니라 미국과 캐나다의 쇼핑몰, 박람회장, 행사장 등에서도 돈을 내고 어른 사자, 호랑이와 기념 촬영을 하는 행사가 펼쳐진다. 이는 동물을 상품화하는 문제와 더불어 자칫 사고가 날 수도 있는 위험한 행사이다.

또한 아시아의 몇몇 동물원에서는 방문객이 사슬에 묶인 호랑이나 사자의 등에 올라타서 사진을 찍을 수 있다. 이런 식의 사진 촬영은 동물 학대일 뿐만 아니라 사람이 다칠 수도 있는 위험한 일임을 알아야 한다.

Wildlife S.O.S./Troy Snow

### 🐬 뱀 쇼, 악어 쇼

인도의 거리에서는 사람이 피리를 불면 춤을 추는 뱀을 볼 수 있다. 인도에는 이처럼 뱀을 부리는 코브라 피리꾼이 수십만 명이나 있다.

하지만 뱀은 실제로 춤을 추는 것이 아니다. 뱀은 피리의 진동과 움직임에 위협을 느껴 본능적으로 사람이 피리를 불면 뱀이 움직이는 뱀 쇼는 인도에서 수십 년 동안 법으로 금지해 왔지만 여전히 성행하고 있다.

### 북극곰 일곱 마리를 구조하라

1997년에 한 생물학자는 수아레즈 브라더스 서커스단에 속한 북극곰 일곱 마리에 대한 편지를 받았다.

"모든 곰은 그늘 쪽으로 갈 수 없는 상태로 직사광선에 노출되어 있습니다. 또한 물이나 먹을 것에도 가까이 갈 수 없습니다. 가끔 더위를 식혀 줄 목적인지 북극곰에게 물을 뿌렸는데 물이 몸에 닿으면 곰은 몸을 부들부들 떨었습니다. …… 이 상황이 얼마나 끔찍한지 제대로 설명할 수 있는 말이 떠오르지 않습니다."

그 후 생물학자는 캐나다인 관광객이 쓴 글을 또 받았다.

"…… 북극곰 중 두 마리는 매우 공격적이고 함께 지내는 공간이 비좁아서인지 서로 싸우기 시작했습니다. 조련사가 곰 중 한 마리를 한쪽 끝이 뾰족한 금속 막대로 때리기 시작했습니다. 또 조련사는 북극곰의 다친 발을 계속해서 때렸습니다. 곰은 아픈 발을 바닥에서 들어올린 채 절고 있었습니다. 이곳의 곰들을 안락사시키는 것이 끊임없는 고통과 학대를 견디도록 내버려두는 것보다 훨씬 더 자비로운 일인 것 같습니다."

수아레즈 브라더스 서커스단은 동물복지법이 취약한 중앙아메리카 곳곳을 돌아다니며 공연을 했다. 그들은 2001년 6월에 미국어류및야생동식물보호국(U.S Fish and Wildlife Service)으로부터 수입 허가증을 받아서 푸에르토리코로 들어갔다. 푸에르토리코 감시관은 곰들이 끔찍한 환경 속에서 살고 있고, 특히 알래스카라는 이름의 곰은 유독 끔찍한

반응하는 것이고, 사람들에게 해를 끼치지 못하도록 독을 제거하기 위해 송곳니를 빼기 때문에 나중에 풀려나도 스스로 먹이를 구하지 못하고 굶어 죽는다. 인도 정부는 코브라 쇼를 법으로 금하고 있지만 여전히 없어지지 않고 있다.

이 외에도 악어와 몸싸움을 하는 악어 쇼는 미국을 비롯한 여러 나라에서 인기가 있는 동물 쇼이다. 온갖 종류의 동물을 등장시키는 동물 이동 공연 또한 북아메리카 학교의 특별 행사나 박람회장에서 흔히 볼 수 있다.

모습임을 발견했다. 2001년 8월, 푸에르토리코 자연자원부는 서커스단의 동물 학대 행위를 고발했지만 재판을 맡은 판사는 서커스단에 아무런 문제가 없다고 판결했다. 하지만 2002년 3월, 서커스단이 알래스카에 대해 거짓 정보를 제출했음을 안 미국어류및야생동식물보호국은 곰을 압류했다. 알래스카를 빼앗긴 후에도 수아레즈 브라더스 서커스단은 공연을 하기 위해 다른 나라로 가려고 노력했으나 어떤 나라도 남은 여섯 마리의 곰을 입국시키려 하지 않았다.

결국 어느 나라에서도 공연을 할 수 없게 된 곰들은 푸에르토리코에 남겨졌고, 곰이 사는 환경은 점점 더 나빠졌다. 세계적인 동물보호단체 PETA, 미국 휴메인소사이어티, 미국 의회 의원들이 남겨진 북극곰을 구하기 위해 움직이기 시작했다.

그 덕분에 미국어류및야생동식물보호국은 자신들이 부적절한 허가증을 발급한 책임과 서커스단의 해양포유류보호법 위반을 근거로 서커스단에 남아 있는 동물 모두를 압류했다. 압류된 북극곰 중 한 마리는 서커스단의 학대로 인해 누적된 병으로 죽었지만 나머지 북극곰은 현재 새로운 보금자리에서 잘 지내고 있다.

### 🐬 마술 공연

마술 공연은 전 세계는 물론 특히 미국 라스베이거스 등의 주요 관광지에서 인기가 높다. 그런데 마술 공연에서 주요 볼거리로 등장시키는 호랑이 등의 맹수가 안전 장벽도 없이 관객들로부터 불과 몇 미터 떨어진 곳에서 공연을 하기 때문에 사고 위험이 높다.

앵무새 등의 동물도 마술 공연의 소도구로 종종 이용된다. 마술 공연에 등장하는 동물의 복지가 문제가 되는 이유는 공연에 몇 분 등장하는 시간만 빼고는 대부분의 시간을 작은 우리에 갇히거나 받침대 위에서 지내기 때문이다.

### 🐬 수족관, 해양 공원, 돌고래와 함께 수영하기

Rob Laidlaw

수족관과 해양 공원에서 연기하는 고래, 돌고래, 바다사자, 바다표범의 상당수는 야생에서 붙잡혀 온 것이다. 붙잡혀 온 많은 해양동물은 공연을 하지 않는 시간에는 전시장 밖의 아주 좁고 척박한 공간에 갇혀서 지낸다.

해양동물을 학대하는 오락 산업에도 유행이 있다. 최근의 유행은 돌고래에게 가까이 가서 직접 먹이를 주거나 돌고래와 함께 수영하기이다. 이런 프로그램은 새로워서 인기가 높은데 사업주에게는 엄청난 이득을 가져다 준다.

Courtesy of Faraj Meir/Creative Commons License

## 돌고래와 함께 수영하기

한 조사에 따르면 80퍼센트의 사람이 돌고래와 함께 수영하기(SWTD, Swim With The Dolphin) 프로그램을 해보고 싶다고 답했다. 돌고래와 함께 수영하기는 돌고래에게 해를 끼치지 않는 것은 물론이고, 심지어 생태 친화적인 것으로 생각되기 때문이다. 하지만 실제로 돌고래와 함께 수영하기는 돌고래는 학대를 감당하고 사람이 돈을 버는 잔혹한 산업이다. 그러니 돌고래와 함께 수영하기 프로그램에 참여하는 것은 그 학대 행위에 참여하고 지지하는 행동이다.

그곳의 돌고래는 대부분 야생에서 붙잡혀 온다. 함께 지내던 가족 무리에게 강제로 떨어진다는 것은 돌고래에게 정신적으로 깊은 상처를 남긴다. 또한 몇몇 돌고래는 붙잡히는 과정에서 죽는다. 붙잡히는 과정에서 살아남았다고 해도 붙잡힌 지 몇 주, 몇 달 지나지 않아 죽는 경우가 많고, 살아남은 돌고래는 평생 스트레스와 고통으로 가득 찬 삶을 마주해야 한다. 갇혀 지내는 돌고래와 야생에서 사는 흰돌고래를 연구한 전문가 캐시 킨스만은 이렇게 말한다.

"돌고래는 날이면 날마다 긴 줄을 서서 기다리는 사람들을 한 사람씩 차례차례 짊어지고 헤엄친다. 이것이 사람들에게는 재미있는 일일 수 있지만 돌고래에게는 끝이 보이지 않는 노동일 뿐이다. 이처럼 엄청난 스트레스를 감내하고 받는 대가라고는 고작 죽은 물고기 몇 마리에 불과하다."

돌고래와 함께 수영하기 프로그램은 점점 증가하고 있다. 이 프로그램에 대한 관리, 감독 시스템이 갖춰져 있지 않아서 프로그램을 진행하는 곳마다 돌고래를 보살피는 수준이나 조건은 천차만별이다. 물론 프로그램에 참가하는 사람을 위한 안전 조치도 미흡하기는 마찬가지이다.

프로그램에 참가하는 돌고래는 대부분의 시간을 형편없는 공간에서 지낸다. 얕은 수조, 바다에 마련된 우리, 울타리가 쳐진 해변이나 산호초 속에 돌고래를 가둔다. 대양을 누비고 사는 야생 돌고래와 비교해 보면 프로그램에 참가하는 돌고래의 생활 공간은 믿을 수 없을 정도로 좁고 단조롭다.

돌고래는 얼굴 근육을 움직일 수 없어서 늘 미소 짓고 있는 것처럼 보인다. 하지만 이제 우리는 돌고래의 미소 뒤에 감춰진 돌고래의 고통을 볼 수 있어야 한다.

# 5장
# 돈을 벌어라

### 🐕 죽을 때까지 달려라
### 경견장의 그레이하운드

어릴 적 가족과 함께 스코틀랜드에 있는 경견장(개 경주장)에 간 적이 있다. 동물을 이용한 오락 산업의 어두운 이면에 대해 몰랐던 어린 시절의 이야기이다. 그레이하운드가 아무리 달리기를 위해 개량된 품종이라고 해도, 날씨가 너무 덥거나 추울 때 개를 너무 몰아붙이면 선수 경력이 끝장나거나 목숨이 위태로울 정도의 부상을 입을 수 있다는 사실을 전혀 모를 때였다. 달리다가 심장발작이 일어날 수도 있고, 경주를 시작하기 전이나

Greyhound Protection League

경주를 마친 후에 갑자기 실신할 수도 있으며, 척수마비가 올 수도 있고, 이 외 온갖 부상을 입을 수도 있음을 전혀 알지 못했다.

그레이하운드 보호단체인 그레이투케이 유에스에이(Grey2K USA), 그레이하운드 보호연맹(Greyhound Protection League) 등에 따르면 이런 일이 경주를 하는 수천 마리의 개에게 해마다 일어난다고 말한다. 사람들은 경기장 안만 보지만 경기장 뒤편에서는 그레이하운드 수천 마리가 간신히 서 있을 정도로 아주 좁은 우리 속에서 갇혀서 지낸다.

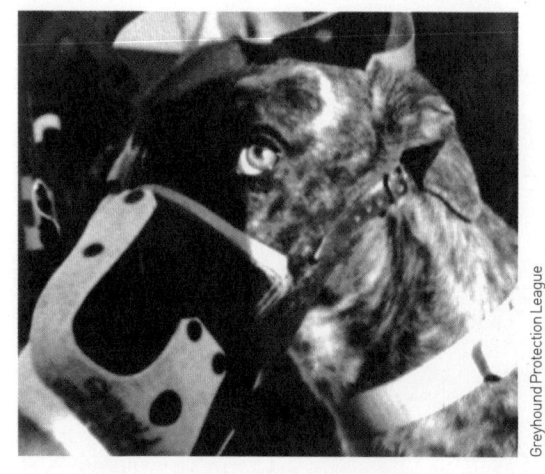

그레이하운드는 달리기에 잘 맞도록 개량된 품종이기는 하지만 훈련이나 경주를 무리하게 시키면 더 이상 선수로 뛸 수 없을 정도의 부상을 입을 수도 있고 생명까지 위협받을 수 있다.

Greyhound Protection League

개 경주는 도박과 긴밀하게 연결되어 있다. 그래서 너무 늙거나 부상을 당해서 돈을 벌 수 없는 개에게 남는 것은 죽음뿐이다. 선수로 활동할 수 있는 시간은 기껏해야 3~4년이고, 몸이 약하거나 발육이 부진한 강아지들은 중간에 폐기 처분된다. 해마다 얼마나 많은 경주용 개들이 죽임을 당하는지 정확히 파악할 수는 없지만 아마도 수천 마리에 이를 것이다. 보호단체들은 상업적으로 운영되는 경견장을 유지하려면 약 1,000마리의 그레이하운드가 필요하다고 말한다. 그러려면 엄청난 수의 새로운 경주용 개들이 정기적으로 번식되어야 한다. 돈을 벌기 위해 개를 번식시키고 학대하고 죽이는 일이 끝없이 반복되는 것이다.

미국을 비롯한 여러 곳에서 개 경주는 줄어들고 있다. 메인, 네바다, 펜실베이니아, 메사추세츠 등은 법으로 개 경주를 금지했다. 개 경주 산업과 연관된 회사 가운데 몇 곳은 그레이하운드 구조단체와 함께 은퇴한 그레이하운드에게 새로운 집을 찾아 주는 활동을 하기도 한다. 물론 이런 소식이 은퇴한 개에게는 기쁜 소식이지만 아직도 도움이 필요한 개가 훨씬 더 많다는 사실이 문제이다.

### 경마

서러브레드와 스탠더드브레드 경주, 장애물 뛰어넘기, 마장마술, 장거리 경주 등의 승마 경기는 세계적으로 인기가 높고, 우승한 말과 기수는 명사가 되기도 한다. 그러나 승마 경기에 이용되는 말의 번식 방법과 광범위한 약물 사용, 도살로 폐기 처분되는 말의 수가 엄청나다는 어두운 진실 또한 있다.

경주마는 힘이 좋으면서 날렵하고 빨라야 하므로 근육질의 우람한 몸통과 길고 가는 다리를 가지도록 품종이 개량되었다. 그런데 이런 신체 구조 때문에 부상에 취약하다. 경주마는 두 살이 되면 경기에 나서게 하는데, 이 시기의 말은 트랙을 내달리며 겪게 되는 심한 자극을 견뎌낼 만큼 튼튼하지 않다.

경주마의 부상에 관한 기수협회의 최근 자료에 따르면 1,000회의 경기가 열리면 평균 2.04마리의 말이 사망한다. 또한 해마다 약 780마리의 말이 죽고, 매주 15마리의 말이 치명적인 부상을 입는다. 또 다른 보고서에 따르면 미국 경마장에서만 2008년 한 해 동안에 1,200마리 이상의 말이 죽었다.

경마에서 말이 치명적인 부상을 입는 일은 흔하다. 1928년 유명세를 누렸던 경주마 블랙 골드는 경기를 마치자마자 트랙에 쓰러진 후 일어나지 못했다. 결국 블랙 골드는 트랙에서 바로 안락사를 당했다. 블랙 골드처럼 최고 수의사의 돌봄을 받는 유명한 말도 이처럼 경기 도중에 부상을 입는다. 2008년에는 인기를 한몸에 받았던 경주마 에이트 벨즈가 최대 경마 대회인 켄터키 더비 경기 도중에 양 발목이 모두 부러지는 사고를 당해 현장에서 안락사 당했다.

또한 승마 경기의 여러 문제 중 최근 점점 증가하는 문제는 약물 사용이다. 최근에는 거의 모든 경기에서 온갖 종류의 약물과 의약품이 사용된다. 합법적인 약물도 있지만 경기력을 향상시키는 상당수의 약물은 사용이 금지되어 있다. 2004년 아테네 올림픽 때는 많은 수의 승마 메달리스트가 메달을 박탈당했다. 마장마술 부문 금메달 수상자를 비롯한 몇몇 선수와 호흡을 맞춘 말의 약물 검사에서 양성반응이 나타났기 때문이다.

하지만 승마 경기의 약물 규정은 일관성이 없고, 심사기관에 따라 판결이 다르게 나오기도 한다. 더구나 치료를 위한 약물 사용과 경기력 향상을 목적으로 한 불법 약물 사용은 구분하기 어려운 경계선에 놓여 있다. 염증 치료를 위한 스테로이드

설치된 장애물을 넘으며
달리는 장애물 경마

가 한 예이다. 스테로이드는 말이 흔히 겪는 관절 부위의 염증을 줄이기 위해 처방된다. 그러나 스테로이드는 경기력을 향상시키는 용도로도 이용된다. 그래서 염증으로 인해 부상을 당한 말은 스테로이드 처치 후 쉬어야 하지만 사람들은 다시 경기에 참가시킨다. 스테로이드 효과를 노리는 것이다.

승마 경기와 관련된 가장 큰 문제 중 하나는 더 이상 쓸모가 없어진 말의 빈자리를 채우기 위해 해마다 수천 마리의 말이 생산된다는 것이다. 말의 수명은 30년 정도인데 일부 경주마는 고작 4~5년 정도 뛰다가 은퇴한다. 은퇴한 말들은 도살장으로 보내지거나 일반인에게 팔린다. 하지만 일반인들은 신경이 예민하고 쉽게 흥분하는 경주마에 대한 이해가 부족해 경주마를 제대로 다룰 수 없다. 말 보호단체인 말옹호자(Equine Advocates)에 따르면 미국에서는 해마다 12만 마리 이상의 말이 도살장으

야생마들이 네바다 북부의 광대하고 마른 초원을 가로질러 이동하고 있다. 자유롭게 초원을 달리는 야생마는 인간에게 잡혀 갇혀 지내는 말과는 모습도 행동도 다르다. 야생마는 체형과 행동이 보다 자연스럽고 무엇보다 생기가 넘친다.

로 간다. 미국에는 말 도살장이 없기 때문에 캐나다와 멕시코의 말 도살장으로 보내지는데, 그들 중 상당수가 경마 산업에서 폐기 처분된 말이다.

    몇몇 승마 경기 관련자들은 이러한 문제점을 인정하고 해결하기 위한 행동을 시작했다. 그들이 가장 주력하는 것은 인도주의적인 번식 정책과 개선된 약물 정책이다. 승마 산업을 위해 말이 과잉 생산되어 결국 도살장으로 보내지기 때문에 악순환의 고리를 끊어야 했다. 또한 승마 산업에서 은퇴한 말을 위한 말 구조 센터가 여럿 설립되었으며, 은퇴한 경주마를 위한 입양 프로그램도 생겨났다. 이런 진취적인 노력 덕분에 말 보호 운동이 괄목할 만한 성장을 하고 있지만 여전히 해야 할 일이 많다.

## 🐎 피의 스포츠, 동물 싸움

동물이 사람과 싸우거나 동물끼리 싸우도록 강요당하는 경기를 피의 스포츠(Bloodsport)라고 한다. 이런 경기는 지역적 특성이 강해서 한 지역에서는 금지되지만 다른 지역에서는 허용되기도 한다.

예를 들어 수탉끼리 싸움을 붙이는 투계는 북아메리카와 유럽에서는 금지되어 있지만 중앙아메리카와 필리핀에서는 여전히 인기가 많다. 투계는 때로 날카로운 칼날을 닭의 다리에 붙여서 싸우게 하는 잔인한 경기로 경기 도중에 많은 수의 닭이 죽는다.

또 다른 피의 스포츠인 사슬에 묶여 있는 곰을 개들이 공격하도록 시키는 곰괴롭히기(bear-baiting) 등은 인기가 많지는 않지만 파키스탄의 외딴 지역에서는 여전히 성행하고 있다. 영국에서 유래한 곰괴롭히기 경기는 송곳니가 제거되고 앞 발톱이 뭉툭하게 잘린 곰을 싸움터의 한가운데에 줄이나 사슬로 묶어 놓는다. 그 모습을 지켜보던 구경꾼들이 묶여 있던 개의 줄을 풀면 개들은 달려가 풀쩍 뛰어 곰을 덮친다. 개에게 물어뜯기는 동안 곰은 자신을 방어하려고 애를 쓰는데 사람들은 이런 모습을 보고 즐긴다. 하지만 곰괴롭히기는 세계동물보호협회(WSPA, World Society for the Protection of Animals) 등 동물보호단체의 노력 덕분에 파키스탄에서도 차츰 인기가 시들고 있다.

말싸움은 필리핀에서 인기가 있지만 법적으로는 금지되어 있다. 말싸움은 수컷 두 마리가 발정기인 암컷을 두고 서로 싸우는 경기이다. 말은 상대를 이빨로 물고, 발로 차고, 몸으로 들이받는다. 그래서 경기 도중에 상처를 입고 뼈가 부러진다.

때로 말싸움은 지역 TV를 통해 중계되기도 한다. 말싸움은 필리핀 사람들이 전통 문화 행사라고 주장하지만 실제로는 도박과 더 관련이 깊다.

### 죽음에 이르는 결투, 투견

동물을 이용한 오락 산업 중에서 가장 야비한 것 중 하나가 바로 투견이다. 투견은 관중들이 돈을 걸고 내기를 하는 동안 우람한 근육질의 개들이 폐쇄된 투견장이나 구덩이 속에서 서로를 공격하며 싸우는 경기이다. 개들은 대부분 경기 중에 큰 상처를 입는다. 피부가 찢기고, 눈이 뜯기고, 귀가 찢겨 나가는 등 온갖 부상을 입는다. 때문에 투견에 쓰이는 개들은 오래 살지 못한다.

그런데 문제는 개들이 투견장에서보다 훈련하면서 더 큰 학대를 받는다는 것이다. 투견 훈련 과정은 실전보다 훨씬 더 잔혹한 행위들이 동반되는데 심지어 물어뜯는 연습을 하도록

---

**투견꾼에서 투견 반대 활동가가 되다**

세계적으로 유명세를 떨친 투견꾼은 프로 미식축구 스타인 마이클 빅이다. 2007년 7월 빅과 친구들은 배드뉴즈케널스라는 투견장을 6년 동안 운영한 혐의로 기소되었다. 빅은 투견 운영에 돈을 대고, 투견에 직접 참여했으며, 가치가 없다고 여겨지는 개들을 죽인 혐의를 받았다.

2007년 12월 10일, 법원은 빅에게 23개월 징역형을 선고하고, 현장에서 몰수된 개들을 돌보는 비용으로 1000만 달러 이상을 지불하라고 판결했다. 현재 마이클 빅은 동물보호단체인 휴메인소사이어티와 함께 투견에 반대하는 캠페인을 벌이고 있다.

소형견을 던져 주기도 한다. 투견에게 던져진 불행한 개들은 공포에 질린 채 엄청난 고통을 겪다 죽어 간다. 투견은 많은 지역에서 금지되어 있지만 여전히 세계 곳곳에서 음성적으로 성행하고 있다. 개들이 서로를 물어뜯으며 죽이는 것을 보며 즐기는 사람들이 있기 때문이다.

### 투우

투우는 주로 스페인, 프랑스, 포르투갈 등의 유럽, 멕시코, 베네수엘라, 에콰도르, 콜롬비아, 페루 같은 남아메리카에서 벌어진다. 몇몇 지역에서 투우는 수천 명의 구경꾼을 끌어모으는 인기 스포츠이다. 세계동물보호협회에 따르면 해마다 약 25만 마리의 수소가 투우 산업에 이용되다가 죽는다.

45개 이상의 스페인 도시는 투우에 반대하고 있다.

대략 25만 마리의 소가 해마다 투우 산업 때문에 죽는다.

스페인 방식의 투우는 세 단계가 있다. 첫 번째 단계에서 소는 땅 위의 투우사 마타도르와 맞서야 한다. 마타도르가 퇴장하고 등장한 말 위의 투우사 피카도르가 소의 목 위에 있는 근육더미 속으로 창을 찔러 넣어 소의 힘을 뺀다. 두 번째 단계는 작살을 꽂는 투우사인 두 명의 반데릴레로가 피카도르가 만든 상처 주변에 가시가 박힌 날카로운 작살을 찔러 넣는다. 마지막 단계가 되면 마타도르가 작고 빨간 망토와 칼 한 자루를 쥐고서 경기장으로 다시 들어와 소를 흥분시킨다. 기운이 빠진 소는 고통으로 몸부림치며 신경을 거스르는 마타도르를 공격한다. 이때 마타도르는 돌진해 오는 소의 심장을 칼로 찔러 죽인다.

스페인과 달리 포르투갈 투우는 마지막 단계에서 쇠뿔에 붙은 장식을 잡아채거나 소를 뛰어넘는 것으로 마무리한다. 포르투갈의 투우는 스페인처럼 피가 낭자하게 흐르거나 관객 앞에서 소를 죽이지는 않지만 일반적으로 투우가 끝나면 소는 죽임을 당한다. 투우장에서 사람들의 조롱을 받으며 천천히 죽어가는 소는 고통에 몸부림친다. 최근 투우에 대한 비판적인 여론이 커지자 없어지거나 경기 방식을 바꾸는 변화가 일어나고 있다. 투우는 사라지거나 동물 학대가 없는 방식으로 변화해야 한다.

### 귀엽고 재미있지만, 너무나 위험한

내가 이 책을 쓰는 동안 모스크바 서커스단의 '스케이트 타는 곰' 한 마리가 서커스 관리자인 드미트리 포파토프를 죽이고, 조련사 한 명에게 중상을 입혔다. 얼마 되지 않아 해양 공원인 시월드에서 공연을 하던 범고래 한 마리가 조련사 한 명을 수조 속으로 끌고 들어가 죽였다. 2008년 4월에는 영화에 출연하는 동물 연기자를 훈련시키는 회사인 캘리포니아 프리데터스의 조련사 한 명이 다섯 살 된 회색곰에게 공격을 받고 목숨을 잃었다. 회색곰은 차분하고 순하다고 알려진 동물이다.

오락 산업에 쓰이는 동물은 대체로 위험하다. 왜냐하면 오락 산업에 쓰이는 동물이 대부분 몸집이 크거나 힘이 세고, 심각한 부상을 입힐 수 있는 이빨과 발톱을 가지고 있기 때문이다. 그런 동물들이 촬영 현장에서 종종 제대로 된 안전 장치 없이 가두어져 있거나 그 상태로 옮겨진다. 심지어 촬영 장소에서

달랑 끈 하나만 맨 채 이동하기도 한다. 이런 상황에서는 동물이 탈출하거나 공격할 위험성이 매우 높다.

2003년 10월 3일, 라스베이거스 지그프라이드 앤드 로이(Siegfried & Roy) 마술 쇼를 보러 온 관객들은 일곱 살 난 백호 몽트코어가 마술사 로이 혼의 목을 물어서 중상을 입히는 모습을 겁에 질린 채 눈앞에서 지켜보았다. 몽트코어는 생후 6개월부터 공연을 해오고 있었다. 마술 쇼는 즉각 중단되었다. 오랜 경력의 마술사 로이는 당시의 부상으로 현재 지팡이에 의지해서 다닌다. 호랑이에게 공격을 당했으니 목숨을 건진 것만도 다행이다.

2001년 2월, 펜실베이니아에서는 호랑이가 경력 30년 이상 된 조련사를 물어 부상을 입혔다. 2000년에는 인도 서뱅갈에서 스무 살의 서커스 단원이 공연을 하는 도중에 세 마리의 호랑이에게 공격을 당해 목숨을 잃었다. 동물 조련사인 조이 홀리데이는 론 앤드 조이 홀리데이(Ron and Joy Holiday) 공연 중 캣댄서로 무대에 선 호랑이에게 공격을 받고 1998년 10월 목숨을 잃었다.

2009년 2월에는 공연 경력이 있는 침팬지 트래비스가 담당 사육사에게 엄청난 부상을 입혔다. 침팬지는 평균 수명이 60살 정도인데 트래비스는 불과 열다섯 살에 경찰의 총에 맞아 죽었다.

코끼리에 의한 사고도 해마다 일어난다. 동물 쇼에 이용되는 코끼리들은 조련사나 관람객을 공격하거나 죽인다. 2007년 오스트레일리아에서는 서커스단의 50살 된 코끼리가 조련사를 밟아 죽였다. 그 즈음 인도의 한 서커스단의 코끼리는 서커스 공연장 텐트를 잡아당겨 주저앉히고는 매표소를 공격했다. 2005년 1월에는 암컷 코끼리가 트럭으로 옮겨지던 동안에 담당 조련사를 밟아 죽였다. 1994년 하와이에서는 코끼리 타이크가 공연 도중에 담당 조련사를 죽이고 다른 직원을 부상 입히고는 달아났다. 탈출해서 카카아코 거리를 휘저으며 돌아다니던 타이크는 경찰이 쏜 80발 이상

의 총에 맞고 즉사했다.

　　조련사와 공연 진행자는 항상 자신들은 동물을 친절하게 대하며 잘 통제하고 있다고 말한다. 그러나 엄청나게 증가하고 있는 쇼 동물과 관련된 사고는 그 말이 사실이 아님을 알려 준다. 쇼 동물 관련자들의 거짓말 때문에 관중과 구경꾼들은 쇼를 하는 동물 바로 앞에 있는 것이 위험하다는 것을 전혀 모르고 있다.

### 🐘 쇼 동물의 은퇴

쇼 동물의 은퇴는 전적으로 인간에 의해 결정된다. 공연을 하던 동물이 나이가 들거나 아프거나 공격적으로 변해 무대에 설 수 없게 되면 돈을 벌 수 없으므로 인간은 동물을 처분한다. 은퇴한 동물들은 공연을 할 때보다 더 열악한 시설에서 일생을 마치는데 심지어 은퇴한 동물을 돈벌이에 이용하는 사람도 있다.

　　침팬지 월터는 아기 때 이동 동물원에 있었다. 이후에는 TV 드라마에 출연하다가 은퇴 후에 텍사스에 있는 아마릴로 야생동물 보호시설(AWR, Amarillo Wildlife Refuge)이라는 곳으로 옮겨졌다.

　　2003년 PETA 비밀 조사 요원은 아마릴로 야생동물 보호시설의 월터가 황량한 시멘트 우리 속에 갇혀 있는 것을 발견했다. 월터는 썩은 음식과 배설물로 가득 찬 우리에서 살고 있었다. 월터가 그곳에서 할 수 있는 것이라고는 오물과 쓰레기로 가득한 바닥에 눕거나 작은 공간을 함께 쓰는 다른 침팬지와 싸우는 것밖에 없었다. 영화 〈혹성 탈출〉에도 출연했던 또 다른

은퇴한 곰인 프레드가 작은 우리에 갇혀 있다. 좌절감과 지겨움에 프레드는 창살을 씹는 행동을 보이고 있다.

젊은 수컷 침팬지인 첩스도 이곳에서 월터와 함께 살고 있었다.

월터와 첩스 같은 다 큰 침팬지를 안전하게 다루기란 불가능하다. 하지만 시설에서는 짝짓기를 위해 성인 수컷 침팬지가 필요하다. 짝짓기를 통해 태어난 아기 침팬지는 영화나 광고 촬영에 쓰거나 팔아서 돈을 벌 수 있기 때문이다. 이것이 바로 아마릴로 야생동물 보호시설이 은퇴한 월터와 첩스를 데리고 있는 이유였다.

PETA의 조사가 이루어지고 얼마 지나지 않아 월터는 또 다른 시설로 옮겨졌다. 2005년 아마릴로 야생동물 보호시설의 주

은퇴한 동물은 짝짓기를 위해 이용된다. 새끼가 태어나면 팔아서 돈을 벌 수 있기 때문이다.

인인 찰스 아조파르디는 멸종 위기 동물인 구름무늬표범을 팔려다가 붙잡혔다. 아조파르디는 멸종 위기 동물을 주 경계선을 넘어 불법 거래한 혐의로 기소되어 2006년에 벌금 2,000달러, 가택연금 180일, 보호 관찰 3년을 선고받았고, 2008년에는 동물을 키울 수 있는 면허가 2년 동안 정지되었다.

## 곰 오소의 너무 짧은 삶

곰 오소는 아마 알래스카 변두리에서 태어났을 것이다. 어미 곁에서 지내던 어느 날 사냥꾼의 총에 어미를 잃고 자신은 캐나다의 서커스단으로 보내졌다. 오소는 서커스단에서 앞니와 발톱이 모두 뽑혔다. 오소가 속했던 서커스단이 문을 닫으면서 이번에는 동물원으로 팔려 갔다. 그런데 동물원도 문을 닫아야 할 형편이 되자 동물원 주인은 오소를 우리에 가두어 둔 채 떠나 버렸다. 3주 후 오소는 탈수 현상과 굶주림으로 죽음의 문턱까지 갔다가 구조되었다. 오소는 기적적으로 살아났다.

오소는 온타리오에 있는 한 시설로 옮겨진 후 건강을 되찾았다. 그런데 불행하게도 시설에 큰 불이 났고, 오소는 또다시 취미로 동물을 모으는 개인 시설로 옮겨졌다. 여기서 오소는 또다시 방치되었고 몸무게도 136킬로그램으로 줄었다. 너무 굶어서 제대로 서지도 못할 정도로 쇠약해졌다.

예전에 머물렀던 시설의 담당자가 이 사실을 알고 조처를 취해 오소는 곰을 위한 쉼터인 베어 위드 어스(Bear With Us)로 갈 수 있었다. 이곳은 1,100평에 달하는 수풀이 우거진 그야말로 쉼터였다. 이곳의 주인인 마이클 매킨토시는 다음과 같이 말했다.

"오소는 정말 많은 일을 겪었습니다. 그런데도 내가 이제껏 만나본 동물 중에서 가장 붙임성이 좋고, 온화하고 친근했습니다. 가끔 내가 나무 아래에 앉아서 오소에게 이런저런 말을 건네도 오소는 만족한 듯한 모습을 보여 주었습니다."

2000년 8월 17일, 오소는 열다섯 살이라는 젊은 나이에 죽었다. 알래스카불곰의 평균 수명은 약 서른 살이다. 마이클은 오소가 겪었던 여러 해 동안의 학대가 그의 삶을 단축시켰다고 생각한다.

Michael McIntosh/Bear With Us

6장

# 변화의 길

## 🐘 동물을 이용하지 않는 서커스

〈태양의 서커스(Cirque de Soleil)〉 공연을 처음 본 날을 기억한다. 어둑한 불빛의 공연장 안을 풍성한 음악이 가득 채우고 있었다. 무대 위에서는 환상적인 옷을 입은 연기자들이 춤을 추며 완벽한 묘기를 선보였다. 연기자들의 연기는 감탄스러웠고, 공연은 내가 지금껏 보아온 서커스 중에서 최고였다. 그리고 무엇보다 공연 중에 어떤 동물도 등장하지 않아 반가웠다.

〈태양의 서커스〉의 제작사는 대형 서커스 제작사 가운데 하나로 지금도 세계 곳곳에서 공연을 하고 있다. 이 제작사는 서너 명의 연기자로 구성된 작은 규모의 서커스부터 청소년 서커스, 곡예 공연단, 많은 예산이 들어가는 대규모 무대 서커스 등 수십 가지 서커스 공연을 한다. 재미있고 흥미진진한 내용 덕분에 이 회사의 서커스 공연은 점점 더 다양해지고 인기를 얻고 있다. 누구도 학대하지 않고 즐길 수 있는 서커스야말로 서커스의 본질이다.

## 🐘 컴퓨터가 만들어 낸 동물 연기자

엄청난 예산이 들어간 영화 〈킹콩〉은 2005년에 개봉되었다. 컴퓨터로 만들어 낸 주인공인 대형 고릴라는 멋진 연기를 해냈다. 야생에서 고릴라를 연구하는 과학자 친구는 영화 속 킹콩의 모습이 실제 고릴라와 똑같이 생겼을 뿐만 아니라 행동 또한 실제의 고릴라와 똑같다고 했다. 정말 기술의 대단한 발전이다.

영화 〈쥬라기 공원〉을 본 사람이라면 누구나 실제처럼 보이는 공룡의 모습에 놀라워하며 극장을 나왔을 것이다. 컴퓨터로 만들어 낸 이미지(CGI)나 애니마트로닉(animatronic, 로봇보다 더 살아 있는 생명체처럼 보이도록 만드는 기계전자 제어기술)을 통해 만든 영상 속 캐릭터는 실제로 살아 있는 생명체와 다를 바 없이 움직인다. 최신 기술로 만든 동물 연기자들은 실제 범고래가 출연해서 연기를 했던 영화 〈프리윌리〉의 주인공 윌리처럼 살아 움직이는 듯 연기를 펼친다.

2009년 6월에 나는 공룡의 제왕 티라노사우루스 한 마리와 놀라운 만남을 가졌다. 거대한 동물이 길고 깊은 울림 소리를 내며 나를 지나 '걸어가는' 동안 나는 가만히 앉아 있었다. 긴장되고 위험한 상황이지만 사실 나는 〈공룡과 함께 걷기-생생한 경험〉이라는 공연장에 있었다. 그러니 티라노사우루스는 실제가 아니다. 어두컴컴한 공연장에서 실제 크기의 공룡 열댓 마리가 마치 살아 있는 것처럼 움직이는 이 공연은 놀라움 그 자체였다.

오늘날 인류가 사용하는 기술은 경이로운 수준에 도달했으며 지금도 끊임없이 발전하고 있다. 영화 〈아바타〉에 나오는 놀라운 생명체들은 실제 동물이든 상상 속의 동물이든 기술을 통해 완벽하게 구현할 수 있음을 보여 주었다. 이제 우리는 많은 대안을 가지고 있다. 따라서 살아 있는 동물을 학대하면서 오락 산업에 이용할 이유가 더 이상 없다.

## 쇼 동물을 위한 동물보호구역과 구조 센터

동물보호구역과 구조 센터는 누구도 원치 않은 동물이나 학대받은 동물, 버려진 동물에게 쉼터를 제공하는 곳이다. 또한 동물이 겪은 고통을 사람들에게 알리는 역할도 하고 있다. 하지만 안타깝게도 이런 공간이 많지 않아서 오락 산업에 이용되었던 동물 중에서 적은 수만이 이곳에서 쉴 수 있다.

### 유인원 센터 Center for Great Apes

플로리다의 와우쿨라 시에 있는 유인원 센터는 오락 산업에 이용되거나 애완동물로 팔렸던 침팬지와 오랑우탄을 위한 보호구역이다. 미국의 유인원 센터는 이곳뿐이다. 이곳의 주인인 패티 래건은 인도네시아 보르네오 섬의 고아가 된 오랑우탄과 미국의 새끼 오랑우탄에 대해 연구한 후 이 센터를 설립했다.

#### 스타보다 보호소 생활이 더 행복한 오랑우탄 새미

오랑우탄 번식업자가 소유한 마이애미의 관광 시설에서 1989년에 태어난 오랑우탄 새미는 18개월이 될 때까지 그곳에서 자랐다. 18개월 때 갓 태어난 오랑우탄 새끼인 게리와 함께 할리우드의 동물 조련사에게 팔려 갔다. 새미와 게리는 함께 지내면서 TV 광고와 드라마에 출연했다. 새미는 〈내 이름은 던스턴〉에서 주인공 던스턴 역을 맡는 등 대여섯 편의 영화에 주연 배우로 출연했다. 하지만 새미가 커가면서 다루기 힘들어지자 조련사는 새미를 은퇴시킨 뒤 집의 작은 우리에 감금했다.

작은 우리에 감금된 채 비참한 생활을 하던 새미와 게리는 2004년 구조되어 플로리다에 있는 유인원 센터로 보내졌다. 그리고 새미와 게리 사이에서 태어난 아들 잼도 넉 달 후에 유인원 센터로 구조되어 왔다. 현재 새미의 가족은 넓고 호기심 가득한 공간에서 영화 속 스타로 활약할 때보다 훨씬 더 나은 삶을 살고 있다.

12개의 대규모 돔형 우리는 공중에 설치된 1.2킬로미터 길이의 철제 터널을 통해 연결되어 있다. 우리는 유인원들이 실컷 돌아다닐 수 있을 만큼 크다. 우리 안에는 기어올라 갈 수 있는 기구, 흔들리는 덩굴식물이 가득하고, 손을 이용해 놀 수 있는 물건이 많아 자극이 가득한 환경을 제공한다. 그리고 무엇보다 사회적 동물인 침팬지에게 함께 놀 수 있는 다른 유인원 친구가 있다는 것은 이곳이 좋은 쉼터임을 말해 준다.

Center for Great Apes

## 모나재단 Mona Foundation

모나재단은 스페인의 사진가들에 의해 설립되었다. 사진가들은 오락 산업에 사용하기 위해 불법으로 수입된 침팬지를 구조한 후 침팬지들이 살 수 있는 공간을 마련하기 위해 재단을 만들었다. 모나재단의 침팬지들은 자연적인 환경 속에서 살고 있다. 기어오를 수 있는 구조물과 전망대, 풀밭이 드넓게 펼쳐진 곳에서 자유롭게 살고 있다.

모나재단은 쉼터 제공은 물론 오락 산업이 동물을 착취하는 관행에 종지부를 찍기 위한 동물보호 활동도 함께 벌이고 있다.

Mona Foundation/FUNDACIÓ MONA

## 침팬지 마르코

침팬지 마르코는 1984년 7월 4일에 스페인에서 태어났다. 마르코는 태어나자마자 어미에게서 강제로 떨어진 뒤 다른 어린 침팬지들과 함께 작은 우리에 갇힌 채 시간을 보냈다. 조금 더 크자 마르코는 스페인의 대기업인 텔레포니카, 에스트렐라 담 맥주 등 예닐곱 편의 TV 광고에 모델로 등장해서 유명해졌다.

하지만 침팬지는 8~10살 정도가 되면 힘이 세져서 사람이 통제하기가 어려워진다. 그때쯤 마르코와 다른 침팬지들은 더 이상 돈을 벌 수 없어서 감금되고 말았다. 침팬지들은 공터에 주차된 고물 트럭의 작은 우리에 몇 마리씩 함께 감금되었다. 우리는 너무 작아 제대로 설 수조차 없었다. 친구들과 어울려 노는 것은 물론 침팬지가 하는 보통의 어떤 자연스러운 행동도 하지 못하고 대부분의 시간을 암흑 속에서 보냈다.

마르코와 다른 침팬지들은 8년 동안 그곳에 갇혀 있었다. 몸을 움직이지도 못하고 던져 주는 형편없는 음식만 먹으면서 살았다. 숨이 막힐 것 같은 여름 더위와 겨울 추위를 견디며 더러운 우리 속에 쪼그려 앉아 있었다. 그곳에서 마르코는 심장병을 얻었다.

2001년 모나재단은 마르코와 다른 침팬지들을 구조했다. 그리고 모나재단이 마련한 쉼터에 그들을 풀어 주었다. 마르코는 새로운 환경에 금방 적응했다. 넓고 평화로운 공간을 마음대로 돌아다니면서 여유롭고 활기찬 성격으로 변했고, 다른 침팬지들이 겁먹어서 놀란 모습을 보이면 다가가서 달래고 위로해 준다. 마르코는 마침내 진짜 침팬지가 되었다.

공연동물복지협회 PAWS, Performing Animal Welfare Society

할리우드에서 활동하던 동물 조련사인 팻 더비는 1970년대에 방송업계에서 일하면서 동물을 제대로 돌보지 않고 학대하는 관행이 광범위하게 퍼져 있음을 알게 되었다. 그래서 1984년에 파트너인 에드 스튜어트와 함께 공연동물복지협회를 설립했다. 협회 설립 후 오락 산업에 이용되는 동물을 보호하는 법을 마련하기 위해 일하기 시작했다.

현재 공연동물복지협회는 캘리포니아에 동물보호구역을 세 곳 운영하고 있다. 이곳에는 인간의 순간의 즐거움을 위해 오락 산업에서 학대당하다가 구조된 코끼리들을 비롯해 수백 마리의 동물이 살고 있다. 구조된 동물들은 이곳에서 평생 평화롭게 지낼 것이다. 공연동물복지협회의 동물보호구역 중 하나인 캘리포니아 주 샌안드레아스에 있는 'ARK 2000'의 면적은 무려 300만 평이다.

### 루마니아 곰 보호구역 Romanian Bear Sanctuary

루마니아 곰 보호구역은 우리에 갇힌 채 사람들에게 재롱을 부리던 곰들을 위한 쉼터이다. 이곳의 곰들은 대부분 비좁고 더러운 곳에서 제대로 먹지도 못해 굶주린 상태로 구조되었다. 사람들은 곰에게 재주를 가르치기 위해 갖은 학대를 했고, 곰들

Romanian Bear Sanctuary

은 관람객들에게 재주를 부리고 돈을 벌었다.

현재 보호구역에는 곰 34마리가 살고 있는데, 그들 중에 막스와 우르술라는 구조되기 전에 받은 학대 때문에 눈이 멀었다. 하지만 지금은 넓고 자연적인 환경에서 인간을 즐겁게 해 주기 위한 행동이 아니라 곰다운 자연스러운 행동을 하며 시간을 보내고 있다. 이곳은 사람들에게 곰의 생태와 동물보호의 중요성 등에 대한 교육 프로그램도 운영한다.

### 영국의 마지막 서커스 곰 프레드

서커스단에 소속된 곰 프레드는 무대 위에서 단순하고 바보 같은 재주를 부리며 평생을 보냈다. 무대 위에서 내려온 뒤에는 가죽과 금속으로 만들어진 입 마개를 얼굴에 쓰고 아주 작은 운반차 안에서 살았다.

갇힌동물보호협회는 1998년에 프레드를 구조하기 위한 활동을 시작했다. 협회의 활동은 전국적인 관심을 이끌어 냈지만 프레드를 쉽게 구조해 내지는 못했다. 프레드를 구조하기 위한 활동을 시작한 지 4년 뒤인 2001년에 프레드가 속한 서커스단은 소유 동물 중 몇 마리를 팔았다. 하지만 이때도 콘크리트로 된 바닥의 작은 우리 속에서 프레드를 구조하는 데 실패했다.

하지만 협회는 포기하지 않고 계속 서커스단을 압박했고 마침내 2년 뒤인 2003년에 서커스단은 프레드를 풀어 주는 데 동의했다. 그해 12월에 프레드는 비행기를 타고 캐나다에 있는 곰 보호구역인 베어 위드 어스로 향했다. 현재 그곳에서 프레드는 태어나서 처음으로 마음껏 돌아다닐 수 있는 넓은 공간과 풀과 나무와 햇살 속에서 살고 있다. 마침내 곰처럼 살게 된 것이다.

# 7장 춤추는 곰이 없는 세상

오락 산업에 이용되는 동물이 처해 있는 가슴 아픈 이야기는 끝이 없다. 그래서 그 복잡한 문제를 어떻게 풀어야 할지 고민하다 보면 압도당하는 느낌을 받는다. 그러나 이미 많은 사람들이 관심을 갖고 쇼 동물의 문제점에 대해 말하고 있고, 다행히 오랫동안 지속되어 온 동물학대 관행은 점차 줄어들고 있다.

관련 법이 제정되고 덕분에 많은 동물의 삶이 나아지고 있다. 계속해서 새로운 활동이 생겨나고 결과물도 나온다. 그런데 큰 단체보다는 경험이나 자원이 부족한 개인이나 작은 단체들이 좋은 결과를 이끌어 내는 경우가 더 많다. 이런 작은 움직임 덕분에 문제가 드러나고 해결책이 나오고, 비참한 생명이 구해지고 있다. 사람들의 노력이 어떻게 생명을 구하는지 몇 가지 사례를 통해 알아보자.

### 🐦 사진 촬영용 침팬지

여러 해 동안 싱가포르 동물원은 방문객들에게 아기 침팬지와 함께 사진을 찍는 행사를 진행해 왔다. 사진 촬영 행사에 이용되는 아기 침팬지는 가족에게서 강제로 떼어져 홀로 다른 우리에서 살았다. 그러다가 아기 침팬지가 사진 촬영 행사에 더 이상 사용될 수 없을 만큼 자라면 다른 아시아 지역이나 중동 지역 동물원에 침팬지를 팔았다.

싱가포르 학생인 루이스 응이 이 문제에 관심을 가졌다. 아기 침팬지를 어미에게서 떼어놓는 것은 아기에게도 엄마에게도 정신적 충격을 일으킨다는 것을 그는 알고 있었다. 루이스 응은 사진 촬영용으로 이용되었던 침팬지들이 다른 동물원으로

싱가포르의 동물 단체인 동물에관한연구및교육협회는 아기 침팬지를 돕는 활동을 시작으로 싱가포르 최초의 야생동물 구조 센터를 설립했다.

팔려간 후 어떻게 지내는지 조사하기 시작하면서 동물과 함께 사진을 찍는 행사를 금지하는 활동을 벌이기 시작했다.

루이스는 동물보호단체인 동물에관한연구및교육협회(ACRES, Animal Concerns Research and Education Society)를 설립했다. 협회는 다른 나라로 팔려간 싱가포르 동물원 침팬지들의 운명을 철저히 조사하기 시작했고, 많은 수의 침팬지가 비참한 상황에 놓여 있음을 알았다.

협회는 싱가포르 동물원을 상대로 동물원의 동물을 다른 곳에 파는 규정을 바꾸라고 압력을 넣기 시작했다. 또한 싱가포르 동물원의 침팬지를 샀던 동물원 몇 곳과도 긴밀하게 협조해 그곳의 침팬지가 보다 나은 환경에서 살 수 있도록 도왔다. 작은 관심에서 시작한 일이 여러 침팬지의 삶의 질을 향상시킨 매우 성공적인 활동이었다.

### 🐦 호랑이와 평화롭게 노는 사원?

2004년에 미국의 동물 다큐멘터리 전문 채널 〈애니멀 플래닛〉은 태국 칸차나부리에 있는 타이 호랑이 사원(Thai Tiger Temple) 편을 방송했다. 이 방송으로 세계인의 관심이 호랑이 사원으로 쏠렸다. 승려와 호랑이가 함께 자유롭게 사는 모습과 그들과 함께 노는 관광객들의 모습은 순식간에 사원을 유명하게 만들었다. 덕분에 2007년 무렵에는 하루에 수백 명의 관광객이 호랑이 사원을 찾았다.

사원을 찾는 관광객들은 호랑이를 볼 수 있었다. 사원 직원들은 매일 오후 호랑이를 쇠사슬 목줄에 묶어 호랑이 계곡이라

태국 칸차나부리의 불교 사원인 프라 루앙 타 부아 사원의 호랑이

고 불리는 곳으로 데려왔다. 호랑이들은 그곳에서 3~5미터 정도의 사슬에 묶인 채 세 시간 동안 머물렀다. 사원 직원들은 호랑이 곁에 가까이 서 있었다.

하지만 호랑이 사원에는 감춰진 뒷모습이 있었고, 동물단체는 이미 이 사원을 지켜보고 있었다. 타이 호랑이 사원이 처음으로 사원에 호랑이 여덟 마리를 데리고 온 것은 1999~2000년 무렵이다. 오래 지나지 않아 야생동물 보호단체인 국제야생동물보호회(CWI, Care for Wild International) 등으로 사람들의 항의가 들어오기 시작했다.

관광객들은 사원 사람들이 호랑이를 발로 차고, 몽둥이로 때리고, 꼬리를 잡아당기고, 호랑이 얼굴에 오줌을 뿌린다고 동물보호단체에 알렸다. 야생 호랑이들은 영역표시나 공격 신호로 상대방에게 오줌을 뿌린다.

국제야생동물보호회는 조사에 착수했다. 조사 결과 사원의 호랑이들은 대부분의 시간을 작고 황량한 콘크리트나 철로 된 우리 속에 갇혀 지냈다. 사람들의 관심이 높아지자 사원은 2007년 후반 서너 마리의 호랑이를 24~30평의 조금 큰 옥외 공간으로 옮겼다.

그런데 호랑이 사원은 호랑이를 이용한 호객 행위로 돈을 벌 뿐만 아니라 호랑이 번식업도 하고 있었다. 2003~2006년 사이 일곱 마리의 새끼가 태어났고, 이미 새끼를 키우고 있는 어미 호랑이도 있었다. 국제야생동물보호회는 호랑이 사원이 호랑이를 이웃 국가로 불법 수출하는 증거를 잡았다. 호랑이 밀반출은 얼마 남지 않은 호랑이종의 생존에 큰 위협이 된다.

이제 관광객들은 태국의 호랑이 사원이 이제껏 생각해 온 것처럼 호랑이 친화적인 장소가 아님을 알게 되었다. 현재 국제야생동물보호회는 호랑이 사원의 호랑이를 몰수하여 동물보호구역으로 보내기 위해 노력하고 있다.

## 🦅 인도의 마지막 춤추는 곰, 라주

2009년 12월, 인도의 마지막 춤추는 곰(Dancing Bear)이 거리에서 구조되었다. 곰의 이름은 라주. 야생동물 보호단체인 야생동물긴급구조대(Wildlife SOS)는 오랜 노력 끝에 라주의 주인에게서 소유권을 넘겨받은 후 라주를 인도 남부 지역에 있는 곰 구조 센터로 옮겼다.

라주의 얼굴을 관통하여 삽입된 줄은 수술로 제거했다. 여러 해 동안 자신을 고통스럽게 괴롭히던 줄이 없어지고, 자연적인 환경으로 가득 찬 넓은 공간에 오자 라주는 행복해 보였다. 라주는 앞으로 평생 이곳에서 평화로운 삶을 즐길 수 있을 것이다.

---

**편집자 편지 | 춤추는 곰**

인도에서 춤추는 곰을 이용한 오락 산업은 수 세기 동안 이어져 왔다. 춤추는 곰 산업은 본래 궁에서 황제를 위해 생겨난 오락이 일반인에게 퍼진 경우이다. 1972년에 법적으로 금지되었으나 사라지지 않았다.

야생에서 새끼 곰을 포획하려면 어미를 죽이고 데려오는 수밖에 없다. 그렇게 포획된 새끼 곰은 팔리기 전에 이미 이동하는 과정에서 기아와 병으로 60~70퍼센트가 죽는다. 훈련은 잔인한 방법으로 진행된다. 사람들에게 위험하다는 이유로 발톱과 이빨을 뽑고, 입·코·머리를 관통해서 줄을 집어 넣는다. 이 줄을 당기면 곰은 고통 때문에 사람들에게 복종하게 된다.

또한 뜨거운 판이나 재 위에 곰을 올려놓는데, 이때 곰은 고통을 피하려고 발을 든다. 이런 훈련을 통해 네 발로 걷는 곰이 두 발로 서게 되고 춤을 추는 것처럼 보이게 된다. 춤추는 곰 공연을 하는 사람들은 대부분 가난해서 곰에게 제대로 된 먹이도 주지 못하기 때문에 어른으로 자란 곰은 영양부족에 시달린다. 또한 학대로 신체적·정신적 고통을 겪는다. 그러므로 인도의 춤추는 곰은 춤을 추는 것이 아니라 고통에 몸부림치는 것이다.

자료 출처 : 국제동물구조대(International Animal Rescue)

인도 환경산림부와 주 산림국의 도움을 받아 야생동물긴급구조대와 국제 야생동물 보호단체 연합체는 7년에 걸쳐 춤추는 곰 구조 프로그램을 진행했다. 그 결과 춤추는 곰 600마리를 구조했다.

인도에서 춤추는 곰 산업은 지난 400년 동안 지속되어 왔다. 이런 오랜 전통의 오락 산업의 고리를 끊으려면 곰 소유주들이 곰에 대한 소유권을 포기해야 했다. 하지만 곰 소유주들은 대부분 가난하기 때문에 소유권을 포기하면 생계를 위협받을 수 있었다. 그래서 이 일은 다각도로 진행되었다. 소유주에게는 새로운 직업 교육을 실시하고, 소유주의 자녀에게도 교육의 기회를 보장하는 등 종합 재활 프로그램이 실시된 것이다.

인도의 춤추는 곰들을 구조해서 야생동물긴급구조대의 동물보호구역으로 보낸 것은 오락 산업에 이용되는 야생동물 보호운동에서 주목할 만한 성과이다. 이 프로젝트의 대성공은 사람들이 마음을 다해서 노력하면 어떤 성취를 이루어 낼 수 있음을 보여 준다.

### 🐦 가재부터 코끼리까지

뉴질랜드의 동물보호단체인 SAFE는 오락 산업에 이용되는 동물을 구조하는 데 큰 성공을 여러 차례 거둔 곳이다. SAFE에 의해 구조된 동물 중 하나가 바로 코끼리 점보이다.

점보는 30년 동안 서커스 트럭 뒤편 야외에서 살았다. 2004년부터 SAFE는 점보를 서커스단에서 구조하기 위해 총력을 펼쳤다. 2005년에는 점보를 위한 항의 시위를 40회 벌였고, 2006

년부터는 언론매체를 통해 사람들에게 점보의 고통스러운 삶에 대해 알려 나갔다. 2009년에는 6개월 동안 항의 시위를 35회나 진행하면서 압력의 수위를 높여 나갔다.

마침내 점보를 구조하기 위한 캠페인은 성공했다. 점보는 서커스단에서 풀려나 지금은 프랭클린 동물원 및 야생동물 보호구역(Franklin Zoo and Wildlife Sanctuary)에서 살고 있다. 보호구역은 점보가 서커스단에서는 전혀 누려 보지 못한 환경이다. 이곳에서 점보는 실내외를 자유롭게 오갈 수 있다. 모래언덕과 등을 비빌 수 있는 기둥이 있고, 진흙 목욕을 즐길 수 있는 연못과 풀을 뜯어 먹으며 이리저리 돌아다닐 수 있는 넓은 공간이 있다. 야생의 평범한 코끼리라면 당연히 누리고 살았을 많은 것을 점보는 서른 살이 넘어서 처음으로 하게 된 것이다.

하지만 SAFE는 이보다 더 좋은 환경을 점보에게 주고 싶다. 현재 점보가 머무는 곳은 서커스단보다는 넓지만 야생의 코끼리가 다니는 공간보다는 좁고 무엇보다 친구 코끼리가 없기 때문이다. 그래서 언젠가는 점보가 이보다 훨씬 넓은 공간에서 여러 코끼리와 무리 지어 지낼 수 있는 코끼리 보호구역으로 갈 수 있기를 바라고 있다.

SAFE는 1999년에 뉴질랜드의 서커스단에서 고통받고 있던 침팬지 버디와 서니도 구조했다. 현재 버디와 서니는 아프리카에 있는 가장 큰 침팬지 보호구역에서 살고 있다. 그곳은 침팬지에게 야생과 흡사한 환경을 제공하는 보호구역이다. 이곳에서 둘은 생애 처음으로 침팬지다운 행동을 하면서 지내고 있다.

그보다 몇 해 전에는 스케이트를 타는 곰을 비롯하여 온갖

가재는 겁이 많은 갑각류로 주로 돌 밑에 숨어서 지낸다.

종류의 동물을 전시하고 공연하는 서커스단인 그레이트 인터내셔널 모스크바 서커스(Great International Moscow Circus)에 반대하는 활동을 펼쳤다. SAFE의 활동은 서커스 표 판매량을 감소시켰고 서커스 홍보 담당자는 비용을 배상하라며 SAFE를 고소했다. 하지만 결과는 서커스단의 패배였다. 그 후 뉴질랜드를 찾아온 국제 서커스단은 없다.

또한 SAFE는 오락용 기계인 가재 뽑기를 없애는 데 성공했다. 사람들은 기계를 이용해서 인형을 뽑듯이 살아 있는 가재를 뽑는 게임을 즐겨 왔다. 기계 속에 들어 있는 가재들은 기계 밖으로 끌려 나오기 전까지 수십 차례 잡혔다가 떨어지기를 반복하며 고통을 당하고 있었다. SAFE의 반대 활동으로 오클랜드 시 여러 술집에 놓여 있던 가재 뽑기 기계 중 상당수가 사라졌고, 이후 오클랜드와 왕립 뉴질랜드 동물학대방지협회가 연합해서 남아 있던 가재 뽑기 기계를 모두 없앴다.

## 🐦 동물 학대가 없는 세상은 쉽게 오지 않는다

어떤 분야든 변화를 만드는 것은 항상 쉽게 이루어지지 않는다. 때로 오랜 시간이 걸리기도 한다. 그러므로 조급하게 생각하지 말고 긍정적인 마음을 갖도록 노력해야 한다.

항상 이길 수만도 없다. 어떤 때에는 실패하기도 하고, 새로운 방법을 고안해 다시 도전하기도 해야 한다. 하지만 온 마음을 기울이면 목표를 향해 계속 나아갈 것이고, 도전의 길에서 만나는 여러 장애물로부터 소중한 교훈을 얻을 수 있을 것이다.

항상 큰 변화만 일어나는 것은 아님을 인정해야 한다. 변화는 때때로 작은 단계를 거치며 천천히 일어난다. 그래서 한 사람 한 사람이 앞을 향해 내딛는 한 발짝 한 발짝이 소중하고 자랑스러운 것이다. 오락 산업 속에서 고통받는 동물을 도울 수 있는 방법은 많다. 사람의 도움을 필요로 하는 많은 동물이 있으니 꾸물거리지 말고 실현해 보자. 사람은 각자 누구든 변화를 만들어 낼 수 있다.

## 고통받는 쇼 동물을 돕는
# 10가지 방법

**1** 쇼 동물이 어떻게 다루어지고 있는지 최대한 많이 공부한다. 더 많은 정보를 얻고 싶다면 뒤에 나오는 동물보호단체에 연락해서 정보를 구한다.

**2** 살아 있는 동물이 나오는 영화 대신에 컴퓨터로 만든 동물이나 동물 모형이 나오는 영화를 본다.

**3** 돌고래 공연, 돌고래와 함께 수영하기 프로그램, 동물과 함께 사진 촬영하기, 동물 등에 올라타기, 동물을 상품으로 주는 행사 등 살아 있는 동물을 이용하는 공연이나 행사에 가지 않는다.

**4** 살아 있는 동물을 이용하는 서커스나 공연에 가지 않는다. 동물을 이용하지 않는 공연이나 행사를 본다.

**5** 가족, 친구, 동료들에게 쇼 동물이 학대받고 있다는 사실을 알리고, 살아 있는 동물을 이용하는 오락 산업에 돈을 쓰지 말라고 설득한다.

**6** 살아 있는 동물을 이용한 오락 산업에 기대 이익을 얻는 회사, 신문, 잡지, 정부기관, 정치인에게 편지를 쓴다. 그들이 하는 일을 반대한다는 사실을 알리고 이유를 밝힌다.

**7** 웹사이트, 페이스북, 마이스페이스, 트위터, 블로그, 학교 게시판 등에 의견을 밝힌다. 쇼 동물이 어떤 고통을 겪는지, 왜 오락 산업에서 동물 공연을 없애야 하는지 알린다.

**8** 학교, 회사, 동아리 등 내가 속한 공동체에서 동물 공연을 보러 가거나 개최하지 못하도록 활동한다. 그래서 내가 속한 공동체가 동물 친화적이 되도록 노력한다. 동물 관련 동아리를 만들어서 많은 사람을 동참시킨다.

**9** 버려졌거나 학대받았거나 은퇴한 쇼 동물을 돕는 동물보호구역을 방문한다. 단, 보호구역을 사칭한 가짜 보호구역이 많으니 사전 조사를 꼭 해야 한다.

**10** 동물 쇼를 끝내기 위해 활동하는 동물보호단체에 가입한다.

동물 쇼와 관련된 흔한
# 질문과 답변

### 🦏 왜 동물 조련사가 동물을 학대하나?

돈을 내고 쇼를 보러 온 사람들 앞에서 동물이 훈련된 연기를 하지 않는 것만큼 조련사에게 곤란한 상황은 없다. 말을 듣지 않아서 무대에 서지 못하면 공간만 차지하고 먹이만 축낼 뿐이다. 쇼 동물이 돈을 벌어야 하는데 오히려 돈을 쓰게 만드는 것이다. 그래서 조련사들은 동물이 공연을 할 때 말을 잘 듣도록 온갖 방법을 고안해 낸다.

### 🦏 학대받은 동물이 왜 조련사 말을 듣나?

동물은 조련사의 지시에 복종하고 따를 수밖에 없다. 쇼 동물을 훈련시킬 때 조련사는 겁을 주거나 육체적 벌을 가하거나 이 외 부적절한 방법을 사용한다. 그래서 말을 듣지 않으면 무슨 일이 일어날지 동물이 알고 있기 때문에 연기를 하는 것이다.

🦏 **쇼 동물은 겉모습을 보면 멀쩡하다. 동물이 학대받고 있다고 확신하는 이유는 무엇인가?**

겉으로 드러나는 모습은 진실을 감출 수 있다. 우리에 가둔 채 먹이와 물을 준다고 동물을 잘 돌본다고 할 수는 없다. 동물에게는 자연적인 공간과 선택의 자유, 사회적 집단과 할 일, 적절한 자극 등이 필요하다. 그렇지 못하면 자극 없는 지루한 생활에 스트레스를 받는다. 이런 생활이 계속되면 동물의 건강은 점점 더 나빠지고, 반복적으로 왔다갔다하거나 머리를 위아래, 양쪽으로 흔들거나 쇠창살을 씹는 등의 비정상적 행동을 보인다. 사람들은 동물이 공연하는 모습만 보므로 공연이 없을 때 무대 뒤에서 동물이 어떤 삶을 사는지 모른다.

Environment and Animal Ethics Group (EAEG)

🦏 **어차피 쇼 동물은 갇힌 상태에서 태어나지 않나?**

아니다. 많은 쇼 동물은 야생에서 온다. 예를 들어 북아메리카 서커스단에 있는 코끼리 중 많은 수는 야생에서 태어났다. 야생동물 밀매매를 감시하는 네트워크형 단체인 TRAFFIC의 1994년 조사에 따르면 유럽 서커스단은 야생에서 잡아온 원숭이, 곰, 코끼

Rob Laidlaw

리 등을 자주 거래한다. 태국에서 동물원 공연에 쓰이는 상당수의 오랑우탄은 야생에서 잡아온 것이다.

### 🦏 동물의 공연은 아이들에게 동물과 환경에 대하여 교육하는 데 도움이 되지 않나?

동물 쇼에 등장하는 동물은 대부분 공연 소도구로 쓰이거나 단순하고 바보 같아 보이는 재주를 부릴 뿐이다. 자연스럽지 못한 행동을 하는 동물을 지켜보면서 아이들이 동물에 대해 배울 수 있는 것은 없다.

동물이 야생에서 보이는 실제적 삶에 대해 아무것도 알 수 없기 때문이다. 동물이 서식지를 어떻게 돌아다니는지, 짝을 어떻게 찾는지, 위협을 어떻게 피하는지, 새끼를 어떻게 돌보는지, 가족이나 친구들과 어떻게 의사소통을 하는지, 문제를 어떻게 해결하는지, 둥지는 어떻게 짓는지, 사냥이나 채집은 어떻게 하는지 등 동물이 야생에서 하는 모든 일에 대해 전혀 알 수 없다. 기껏해야 몸의 크기와 모양, 색깔 등 동물에 대해 책이나 인터넷에서 쉽게 찾을 수 있는 몇 가지 간단한 사실을 직접 눈으로 확인하는 것뿐이다.

심지어 사람에게 잡혀 쇼를 하는 동물은 야생 상태의 같은 종과 겉모습이 다른 경우도 있다. 가장 나쁜 점은 동물 쇼를 통해 야생동물을 접한 아이들이 동물을 그런 식으로 이용하거나 애완동물로 삼아도 괜찮다고 생각할 수 있다는 점이다.

### 🦏 법이 쇼 동물을 보호하지 않나?

동물과 관련된 많은 법이 매우 허술한데, 그마저도 제대로 집행되지 않는다. 처벌은 종종 너무 가볍다. 동물이 심각한 부상을 당했거나 사망한 학대 사건만 다루기도 한다. 그런 법은 동물에게 적절한 공간과 선택의 자유, 사회적 집단, 할 일이 필요하다는 내용을 담고 있지 않다.

서커스단이나 그밖의 다른 오락 산업에서 야생동물을 이용하는 것을 법으로 금지한 곳도 있지만 앞으로는 모든 곳이 그렇게 되도록 만들어야 한다.

오락 산업에 종사하는 사람들은 동물 관련 법안이 지나치게 강경하다고 말하기도 한다. 하지만 코끼리를 여전히 사슬에 묶고 사자·호랑이 등 대형 고양잇과 동물을 평생 맹수 수레 안에 갇혀 있도록 허용하는 법이 과연 강경한 것인가? 현재 어느 나라의 동물 관련 법도 강경하다 할 만한 것은 없다.

## 쇼 동물 학대를 어떻게 예방하나?

일반인이 할 수 있는 최선은 살아 있는 동물을 사용하는 오락 산업을 더 이상 지지하지 않고 거부하는 것이다. 살아 있는 동물이 나오는 동물 쇼, 영화, 공연, 서커스 등을 보러 가지 않으면 그런 산업은 점점 줄어들 것이다. 앞에 나온 '고통받는 쇼 동물을 돕는 10가지 방법'을 실천한다. 10가지 목록을 실천하려고 노력하다 보면 그보다 더 많은 일을 해낼 수 있을 것이다.

# 세계 동물보호단체

쇼 동물에 대한 좀 더 많은 정보를 얻을 수 있는 동물보호단체

**Action for Animals(동물을 위한 행동)**
www.actionforanimals.or.kr

**Animal Concerns Research and Education Society**
www.acres.org.sg

**Animal Defenders International**
www.ad-international.org

**Animals Australia**
www.animalsaustralia.org

**Bear With Us**
www.bearwithus.org

**Born Free Foundation**
www.bornfree.org.uk
www.bornfreeusa.org

**Captive Animals' Protection Society**
www.captiveanimals.org

**Care for the Wild International**
www.careforthewild.org

**CAS International**
www.cas-international.org/en

**Center for Great Apes**
www.centerforgreatapes.org

**Compassion Unlimited Plus Action**
www.cupabanalore.org

**Fauna Foundation**
www.faunafoundation.org

**Greyhound Protection League**
www.greyhound.org

**Grey2K USA**
www.GREY2KUSA.org

**Humane Society for the United States**
www.humanesociety.org

**One Voice**
www.one-voice.fr/en

**People for the Ethical Treatment of Animals**
www.peta.org
www.petaindia.com
www.circuses.com

**Performing Animal Welfare Society**
www.pawsweb.org

**SAFE**
www.safe.org.nz

**Say No to Animals in Circuses**
www.animalcircuses.com

**Shambala Preserve/Roar Foundation**
www.shambala.org

**The Mona Foundation**
www.fundacionmona.org/en

**World Society for the Protection of Animals**
www.wspa.org.uk

**Zoocheck Canada**
www.zoocheck.com

역 / 자 / 후 / 기

## "촤아," "촤아," "촤아"

올해 여름 어느 작은 공원에 갔다. 벤치에 누워 책을 읽었다. 벤치 위에는 아름드리 나무의 가지들이 우산살처럼 퍼져 있었다. "촤아," 하는 소리가 들렸다. 무슨 소리일까 책에서 눈을 떼어 위를 보니, 다람쥐가 나뭇가지 위를 걸어가면서 오줌을 누었다. "촤아," "촤아," "촤아." 몇 발짝 걷고 오줌을 시원하게 누고 몇 발짝 걷고 또 오줌을 시원하게 누며 내가 누워 있는 벤치 위의 공간으로 다가왔다. 몸을 일으켜 벤치를 떠날 준비를 하는데 다람쥐는 다른 나무로 풀쩍 날듯이 옮겨갔다.

몇 년 전에 내가 가슴에 안고 있던 원숭이가 떠올랐다. 그 원숭이는 잘 먹지도 못하고 힘도 많이 없어져서 동물 병원에 왔다. 포도당 주사액을 맞으며 기진맥진 힘없이 앉아 있는 원숭이를 내가 가슴에 안고 배를 부드럽게 마사지해 주었다.

어떨 때는 눈을 지그시 감고 있고 어떨 때는 내가 만져 주는 부분이 불편했는지 내 손가락을 꽉 깨물기도 했다. 다른 곳을 부드럽게 만져 주면 또 눈을 감고 내 가슴에 등을 기대고 한숨을 푹 내쉬었다.

그 원숭이는 어른 원숭이였지만 기저귀를 차고 있었다. 원숭이는 동물 공연을 하는 업체에서 공연 동물로 일하고 있었다. 몸이 아파 공연을 못해서 동물 병원에 업체 직원이 데리고 온 것이었다. 원숭이는 사람과 달리 똥오줌을 가리지 못하기 때문에 늘 기저귀를 차야 한다고 직원은 웃으면서 말했다.

나뭇가지 위에서 오줌을 "촤아," "촤아", "촤아" 누며 위풍당당하게 걸어오는 다람쥐를 보면서, 나는 그 원숭이가 똥오줌을 가리지 못하는 족속이 아니라 나뭇가지 아래 모든 공간을 자신의 화장실로 사용하도록 자연의 허락을 받은 위풍당당한

족속, 즉 똥오줌을 가릴 필요가 없는 족속이었음을 깨달았다.

원숭이는 간혹 나뭇가지에서 떨어지기도 하지만, 나무에 오르지도 못해 납작한 땅을 이리저리 쪼개어 화장실과 거실을 구분하여 똥오줌을 가려 쾌적한 환경을 유지하며 살아가야 하는 사람과는 다른 족속인 것이다.

그 원숭이는 나무 위에서 끌어내려져 사람의 세상, 이 납작한 땅으로 붙잡혀 온 원숭이 사이에서 태어나, 기저귀를 차고 사람 옷을 입고 세발자전거를 타고 사람들이 하는 이러저러한 행동을 흉내 내도록 훈련받고 사람이 꾸며놓은 무대 위에 올라 사람이 시키는 대로 재주를 부리고, 공연이 끝나면 작은 철장에 갇혀 하루를 마감하며 하루하루 자라서 하루하루 늙어 갔다. 원숭이는 사람 흉내 공연을 했고 원숭이를 훈련시킨 사람은 돈을 벌었다. 어느날 원숭이는 몸이 아파 아무 공연도 할 수 없게 되었고 병원에 와서 포도당 주사액을 맞고 좀 나아지는 듯하더니 조용히 숨을 거두었다. 원숭이는 납작한 땅 위 족속인 사람을 흉내 내던 자신의 삶을 기저귀를 입은 채 마감했다.

그 원숭이는 언제 한번이라도 기저귀를 벗고 높은 나무에 올라 장난을 치다가 오줌이 마려우면 오줌을 누고 똥이 마려우면 똥을 누며 이 나무 저 나무를 돌아다녀 본 적이 있었을까?

하늘을 나는 새처럼, 나무와 나무를 날아다니는 다람쥐처럼, 그 원숭이는 나뭇가지를 징검다리 삼아 나무 사이 공간을 강물 삼아 뛰어다니며 "촤아," "촤아," "촤아," 오줌을 땅 위 저 높은 곳에서 시원하게 누도록 자연이 부여해 준 그의 특권을 누려 본 적이 있었을까?

기저귀를 차고 사람 옷을 입고 사람 흉내를 내는 공연을 하며 평생 사람에게 돈을 벌어 주던 원숭이야! 무지개 다리를 건너 지금 살고 있는 너의 새로운 세상에서는 답답한 기저귀를 벗고 나무에 올라 나뭇가지 위를 돌아다니며 시원하게 오줌을 누렴. "촤아," "촤아," "촤아."

캐나다에서 박성실

편 / 집 / 후 / 기

# 한국 쇼 동물의 현실은?

2012년 '제돌이'로 대표되는 불법 포획된 남방큰돌고래의 바다 귀환 결정은 우리나라에서는 쇼 동물에 관해 처음으로 질문을 던진 사건이었다. 왜 그동안 우리나라에서는 쇼 동물이 관심을 끌지 못한 것일까? 오래전부터 쇼 동물에 대한 논쟁이 활발했던 다른 나라에 비해서 우리나라가 쇼 동물이 없고 쇼 동물에 대한 동물복지가 완벽하다는 뜻일까? 아니다. 그동안 우리는 쇼를 만드는 사람들이 보여 주는 무대만 보고 무대 뒤의 진실에는 관심을 두지 않았을 뿐이다.

우리는 생각보다 일상에서 꽤 자주 쇼 동물을 접한다. 오늘도 TV 드라마에는 부잣집 거실을 차지하고 있는 대형견이 등장하고, 광고에서는 대형 고양잇과 동물이 위엄을 자랑하고, 잡지에서는 모델 옆에 선 동물이 소품으로 이용된다. 주말에 찾은 동물원, 아쿠아리움에서는 각종 동물 쇼가 진행되고, 동물원에 가는 지하철역에는 파충류 체험관이 운영되고 있다.

주말에는 경마장을 찾고, 짧게 떠난 동남아 여행에서는 코브라 쇼나 악어 쇼를 보고 코끼리 트래킹을 한다. 동물이 등장하는 TV 프로그램에 열광하고, 돌고래 쇼를 보고, 관광지에서 별 생각 없이 코끼리 등에 탄 사람은 자신도 모르게 동물을 이용하는 오락 산업을 지지하는 행동을 한 것이다.

2013년 다시 한 번 동물 쇼에 관심이 모아졌다. 한 사설 동물원에서 조련사가 바다코끼리를 구타하는 등 학대하는 모습이 사람들에게 공개되었기 때문이다. 사실 무대에서 쇼를 하는 동물을 보면서 학대를 떠올리기는 쉽지 않다. 실제로 쇼 동물의 학대는 조련 과정에서 이루어진다. 인간보다 덩치가 크고 힘이 센 동물을 마음대로 조정하려면 학대가 불가피하다.

이런 상황인데도 불구하고 동물 쇼를 바라보는 사람들의 생각은 각기 다르다. 2013년 KBS 방송문화연구소의 조사에 따르면 제돌이의 야생 방사를 반대하는 사람(16.3퍼센트) 중 95.1퍼센트가 야생에서의 생존이 불확실하기 때문에 반대한다고 답했다고 한다.

과연 야생에서보다 수족관에서 돌고래가 더 안전하게 오래 살 수 있을까? 실제로 2009~2010년 사이에 제주에서 잡혀서 돌고래 쇼 공연업체에 넘겨진 돌고래 11마리 중 6마리가 2~3년 사이에 죽었다. 미국의 동물보호단체인 휴메인소사이어티는 포획된 돌고래의 약 53퍼센트가 3개월 안에 죽는다고 발표했다. 사람들의 기대와 달리 야생동물은 인간에게 잡혔을 때보다 야생에서 더 오래 산다.

현재 세계적으로 동물 쇼는 법의 제재와 동물복지에 대한 사람들의 인식 수준이 높아지면서 줄어들고 있다. 반면에 야생에서 동물을 관찰하는 산업은 번창하고 있다. 전 세계적으로 고래 관찰하기 프로그램은 3,000개 이상으로 약 1만 3000명의 직원을 고용하고, 2008년에는 119개국에서 21억 달러를 벌어들였다. 이제 우리도 가로, 세로 5미터짜리 수조에 갇혀 살아가는 불쌍한 돌고래의 공연이 아니라 제주도 바다에서 무리지어 뛰노는 야생 돌고래의 모습을 즐길 줄 알아야 하지 않을까.

우리나라 쇼 동물의 미래는 그다지 희망적이지 않다. 여전히 돌고래 쇼는 계속되고 있고, 새롭게 동물 쇼를 준비하는 곳도 있다. 전국 곳곳의 동물 쇼 장에서 원숭이는 사람 흉내를 내고, 곰은 자전거를 탄다. 동남아 여행지에서나 보던 악어 쇼와 코끼리 쇼를 이제는 국내에서도 볼 수 있게 되었다. 현실은 절망적이지만 그래도 희망은 사람이다. 동물 쇼에 발을 끊는 사람이 늘고, 아이들을 위한 동물 체험 행사에 학부모가 항의하고, 동물 연기자의 처우에 관심을 갖는 사람들이 늘수록 쇼 동물의 숫자는 줄어들 것이다.

무대의 커튼이 내려지고 난 뒤 어떤 일이 벌어질까? 동물들은 어떻게 훈련을 받으며 어떤 생활 환경에서 살아갈까? 출연한 영화, 드라마가 성공했다고 동물 연기자들이 행복할까? 모든 생명은 인간의 즐거움이 아니라 그들 자신을 위해 존재한다. 이제는 보여지는 것 뒤편의 이야기에 관심을 가질 때이다.

# 책공장더불어의 책
책공장더불어 블로그 http://blog.naver.com/animalbook

### 동물원 동물은 행복할까?
(환경부 선정 우수환경도서, 학교도서관저널 추천도서)
동물원 북극곰은 야생에서 필요한 공간보다 100만 배, 코끼리는 1,000배 작은 공간에 갇혀서 살고 있다. 야생동물 보호운동 활동가인 저자가 기록한 동물원에 갇힌 야생동물의 참혹한 삶.

### 고등학생의 국내 동물원 평가 보고서
(환경부 선정 우수환경도서)
인간이 만든 '도시의 야생동물 서식지' 동물원에서는 무슨 일이 일어나고 있나? 국내 9개 주요 동물원이 종보전, 동물복지 등 현대 동물원의 역할을 제대로 하고 있는지 평가했다.

### 인간과 동물, 유대와 배신의 탄생
(환경부 선정 우수환경도서)
미국 최대의 동물보호단체 휴메인소사이어티 대표가 쓴 21세기 동물해방의 새로운 지침서. 농장동물, 산업화된 반려동물 산업, 실험동물, 야생동물 복원에 대한 허위 등 현대의 모든 동물학대에 대해 다루고 있다.

### 버려진 개들의 언덕
인간에 의해 버려져서 동네 언덕에서 살게 된 개들의 이야기. 새끼를 낳아 키우고, 사람들에게 학대를 당하고, 유기견 추격대에 쫓기면서도 치열하게 살아가는 생명들의 2년 간의 관찰기.

### 개에게 인간은 친구일까?
인간에 의해 버려지고 착취당하고 고통받는 우리가 몰랐던 개 이야기. 다양한 방법으로 개를 구조하고 보살피는 사람들의 이야기가 그려진다.

### 후쿠시마에 남겨진 동물들
(미래창조과학부 선정 우수과학도서, 환경부 선정 우수환경도서, 환경정의 청소년 환경책 권장도서, 꿈꾸는도서관 청소년 추천도서)
2011년 3월 11일, 대지진에 이은 원전 폭발로 사람들이 떠난 일본 후쿠시마. 다큐멘터리 사진작가가 담은 '죽음의 땅'에 남겨진 동물들의 슬픈 기록.

### 야생동물병원 24시
(어린이도서연구회에서 뽑은 어린이·청소년 책)
로드킬 당한 삵, 밀렵꾼의 총에 맞은 독수리, 건강을 되찾아 자연으로 돌아가는 너구리 등 대한민국 야생동물이 사람과 부대끼며 살아가는 슬프고도 아름다운 이야기.

### 유기동물에 관한 슬픈 보고서
(환경부 선정 우수환경도서, 어린이도서연구회에서 뽑은 어린이·청소년 책, 한국간행물윤리위원회 좋은 책, 어린이문화진흥회 좋은 어린이책)
동물보호소에서 안락사를 기다리는 유기견, 유기묘의 모습을 사진으로 담았다. 인간에게 버려져 죽임을 당하는 그들의 모습을 통해 인간이 애써 외면하는 불편한 진실을 고발한다.

### 후쿠시마의 고양이 (한국어린이교육문화연구원 으뜸책)
2011년 동일본 대지진 이후 5년. 사람이 사라진 후쿠시마에서 살처분 명령이 내려진 동물을 죽이지 않고 돌보고 있는 사람과 함께 사는 두 고양이의 모습을 담은 평화롭지만 슬픈 사진집.

### 똥으로 종이를 만드는 코끼리 아저씨
(환경부 선정 우수환경도서, 한국출판문화산업진흥원 청소년 권장도서, 서울시교육청 어린이도서관 여름방학 권장도서)
코끼리 똥으로 만든 재생종이 책. 코끼리 똥으로 종이와 책을 만들면서 사람과 코끼리가 평화롭게 살게 된 이야기를 코끼리 똥 종이에 그려냈다.

### 채식하는 사자 리틀타이크
(아침독서 추천도서, 교육방송 EBS 〈지식채널e〉 방영)
육식동물인 사자 리틀타이크는 평생 피 냄새와 고기를 거부하고 채식 사자로 살며 개, 고양이, 양 등과 평화롭게 살았다. 종의 본능을 거부한 채식 사자의 9년간의 아름다운 삶의 기록.

### 우리 아이가 아파요! 개·고양이 필수 건강 백과
새로운 예방접종 스케줄부터 우리나라 사정에 맞는 나이대별 흔한 질병의 증상·예방·치료·관리법, 나이 든 개, 고양이 돌보기까지 반려동물을 건강하게 키울 수 있는 필수 건강백서.

### 개, 고양이 사료의 진실
미국에서 스테디셀러를 기록하고 있는 책으로 반려동물 사료에 대한 알려지지 않은 진실을 폭로한다. 2007년도 멜라민 사료 파동 취재까지 포함된 최신판이다.

### 개·고양이 자연주의 육아백과
세계적 홀리스틱 수의사 피케른의 개와 고양이를 위한 자연주의 육아백과. 40만 부 이상 팔린 베스트셀러로 반려인, 수의사의 필독서. 최상의 식단, 올바른 생활습관, 암, 신장염, 피부병 등 각종 병에 대한 세세한 대처법도 자세히 수록되어 있다.

### 펫로스 반려동물의 죽음 (아마존닷컴 올해의 책)
동물 호스피스 활동가 리타 레이놀즈가 들려주는 반려동물의 죽음과 무지개 다리 너머의 이야기. 펫로스(pet loss)란 반려동물을 잃은 반려인의 깊은 슬픔을 말한다.

### 강아지 천국
반려견과 이별한 이들을 위한 그림책. 들판을 뛰놀다가 맛있는 것을 먹고 잠을 수 있는 곳에서 행복하게 지내다가 천국의 문 앞에서 사람 가족이 오기를 기다리는 무지개 다리 너머 반려견의 이야기.

### 고양이 천국 (어린이도서연구회에서 뽑은 어린이·청소년 책)
고양이와 이별한 이들을 위한 그림책. 실컷 놀고 먹고 자고 싶은 곳에서 잘 수 있는 곳. 그러다가 함께 살던 가족이 그리울 때면 잠시 다녀가는 고양이 천국의 모습을 그려냈다.

### 깃털, 떠난 고양이에게 쓰는 편지
프랑스 작가 클로드 앙스가리가 먼저 떠난 고양이에게 보내는 편지. 한 마리 고양이의 삶과 죽음, 상실과 부재의 고통, 동물의 영혼에 대해서 써 내려간다.

### 임신하면 왜 개, 고양이를 버릴까?
임신, 출산으로 반려동물을 버리는 나라는 한국이 유일하다. 세대 간 문화충돌, 무책임한 언론 등 임신, 육아로 반려동물을 버리는 사회현상에 대한 분석과 안전하게 임신, 육아 기간을 보내는 생활법을 소개한다.

### 개 피부병의 모든 것
홀리스틱 수의사인 저자는 상업사료의 열악한 영양과 과도한 약물사용을 피부병 증가의 원인으로 꼽는다. 제대로 된 피부병 예방법과 치료법을 제시한다.

### 차라리 개인 게 낫겠어
암에 걸린 암 수술 전문 수의사가 동물 환자에게 배운 질병과 삶의 기쁨에 관한 이야기가 유쾌하고 따뜻하게 펼쳐진다.

### 치료견 치로리 (어린이문화진흥회 좋은 어린이책)
비 오는 날 쓰레기장에 버려진 잡종개 치로리. 죽음 직전 구조된 치로리는 치료견이 되어 전신마비 환자를 일으키고, 은둔형 외톨이 소년을 치료하는 등 기적을 일으킨다.

### 사람을 돕는 개
(한국어린이교육문화연구원 으뜸책, 학교도서관저널 추천도서)
안내견, 청각장애인 도우미견 등 장애인을 돕는 도우미견과 인명구조견, 흰개미탐지견, 검역견 등 사람과 함께 맡은 역할을 해내는 특수견을 만나본다.

### 개가 행복해지는 긍정교육
개의 심리와 행동학을 바탕으로 한 긍정 교육법으로 50만 부 이상 판매된 반려인의 필독서이다. 짖기, 물기, 대소변 가리기, 분리불안 등의 문제를 평화롭게 해결한다.

### 용산 개 방실이
(어린이도서연구회에서 뽑은 어린이·청소년 책, 평화박물관 평화책)
용산에도 반려견을 키우며 일상을 살아가던 이웃이 살고 있었다. 용산 참사로 갑자기 아빠가 떠난 뒤 24일간 음식을 거부하고 스스로 아빠를 따라간 반려견 방실이 이야기.

### 동물과 이야기하는 여자
SBS〈TV 동물농장〉에 출연해 화제가 되었던 애니멀 커뮤니케이터 리디아 히비가 20년간 동물들과 나눈 감동의 이야기. 병으로 고통받는 개, 안락사를 원하는 고양이 등과 대화를 통해 문제를 해결한다.

### 나비가 없는 세상 (어린이도서연구회에서 뽑은 어린이·청소년 책)
고양이 만화가 김은희 작가가 그려내는 한국 최고의 고양이 만화. 신디, 페르캉, 추새. 개성 강한 세 마리 고양이와 만화가의 달콤쌉싸래한 동거 이야기.

### 인간과 개, 고양이의 관계심리학
함께 살면 개, 고양이는 닮을까? 동물학대는 인간학대로 이어질까? 248가지 심리실험을 통해 알아보는 인간과 동물이 서로에게 미치는 영향에 관한 심리 해설서.

### 햄스터
햄스터를 사랑한 수의사가 쓴 햄스터 행복·건강 교과서. 습성, 건강관리, 건강 식단 등 햄스터 돌보기 완벽 가이드.

**동물권리선언 시리즈 ③**
# 동물 쇼의 웃음
## 쇼 동물의 눈물

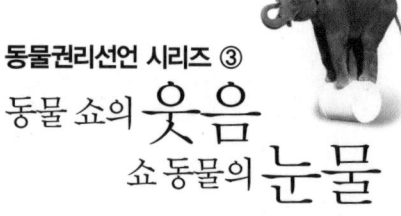

초판 1쇄 2013년 11월 23일
초판 3쇄 2016년 10월 4일

**지은이** 로브 레이들로
**옮긴이** 박성실

**펴낸이** 김보경
**펴낸곳** 책공장더불어
**편　집** 김보경
**교　정** 김수미

**디자인** 트리니티(02-793-9076)
**인　쇄** 정원문화인쇄

책공장더불어

**주　소** 서울시 종로구 혜화동 5-23
**대표전화** (02)766-8406
**팩　스** (02)766-8407
**이메일** animalbook@naver.com
**홈페이지** http://blog.naver.com/animalbook
**출판등록** 2004년 8월 26일 제300-2004-143호

ISBN 978-89-97137-10-7 (03300)

*잘못된 책은 바꾸어 드립니다.
*값은 뒤표지에 있습니다.